만 원으로 차리는
파인 다이닝

요리용디 **지음**

일러두기

- 책에 소개한 레시피는 1인분 기준입니다. 2인분 이상일 경우 별도 표기했습니다.
- 레시피별 영수증 금액은 주재료 합계 금액입니다. 2022년 9월 기준 금액으로 구입 시기 및 구입처에 따라 달라질 수 있습니다.
- 난이도 및 소요 시간은 개인의 요리 실력, 조리 도구, 상황에 따라 다를 수 있습니다.
- 더 많은 레시피 영상은 유튜브 '요리용디' 채널에서 확인할 수 있습니다.

만 원으로 차리는
파인 다이닝

초판 1쇄 발행 · 2022년 11월 2일
초판 4쇄 발행 · 2023년 2월 22일

지은이 · 요리용디

발행인 · 우현진
발행처 · 용감한 까치
출판사 등록일 · 2017년 4월 25일
대표전화 · 02)2655-2296
팩스 · 02)6008-8266
홈페이지 · www.bravekkachi.co.kr
이메일 · aoqnf@naver.com

기획 및 책임편집 · 우혜진
마케팅 · 리자 **디자인** · 죠스 **교정교열** · 이정현 **촬영 진행** · 김소영 **푸드 디렉터** · 이세민, 이도연
푸드 스타일 · 락앤쿡 최은주 **촬영 어시스턴트 팀장** · 락앤쿡 이수진 **촬영 어시스턴트** · 락앤쿡 이단비, 윤태상, 박현지
쿠킹 스튜디오 · 락앤쿡 푸드컴퍼니 **포토그래퍼** · 내부순환스튜디오 김지훈

CTP 출력 및 인쇄 · 제본 · 미래피앤피

ISBN 979-11-91994-08-7(13590)

ⓒ 요리용디
정가 25,000원

> **감성의 키움, 감정의 돌봄 용감한 까치 출판사**
> 용감한 까치는 콘텐츠의 樂을 지향하며 일상 속 판타지를 응원합니다. 사람의 감성을 키우고 마음을 돌봐주는 다양한 즐거움과 재미를 위한 콘텐츠를 연구합니다. 우리의 오늘이 답답하지 않기를 기대하며 뻥 뚫리는 즐거움이 가득한 공감 콘텐츠를 만들어갑니다. 아날로그와 디지털의 기발한 콘텐츠 커넥션을 추구하며 활자에 기대 위안을 얻을 수 있기를 바랍니다. 나를 가장 잘 아는 콘텐츠, 까치의 반가운 소식을 만나보세요!

세상에서 가장 용감한 고양이 '까치'

　동물 병원 블랙리스트 까치. 예쁘다고 만지는 사람들 손을 마구 물고 할퀴며 사나운 행동을 일삼아 못된 고양이로 소문이 났지만, 사실 까치는 누구보다도 사람들을 사랑하는 고양이예요. 사람들과 친해지고 싶은 마음에 주위를 뱅뱅 맴돌지만, 정작 손이 다가오는 순간에는 너무 무서워 할퀴고 보는 까치.

　그러던 어느 날, 사람들에게 미움만 받고 혼자 울고 있는 까치에게 한 아저씨가 다가와 손을 내밀었어요. "만져도 되겠니?"라는 말과 함께 천천히 기다려준 그 아저씨는 "인생은 가까이에서 보면 비극이지만, 멀리서 보면 코미디란다"라는 말만 남기고 횡하니 가버리는 게 아니겠어요?

　울고 있던 겁 많은 고양이 까치는 아저씨 말에 마지막으로 한 번 더 용기를 내보기로 했어요. 용기를 내 '용감'하게 사람들에게 다가가 마음을 표현하기로 결심했죠. 그래도 아직은 무서우니까, 용기를 잃지 않기 위해 아저씨가 입던 옷과 똑같은 옷을 입고 길을 나섭니다. '인생은 코미디'라는 말처럼, 사람들에게 코미디 같은 뻥 뚫리는 즐거움을 줄 수 있는 뚫어뻥 마법 지팡이와 함께 말이죠.

　과연 겁 많은 고양이 까치는 세상에서 가장 용감한 고양이가 될 수 있을까요? 세상에서 가장 용감한 고양이 까치의 여행을 함께 응원해주세요!

"어떻게 하면
좀 더 쉽고 빠르게 레시피를
소개할 수 있을까?"

제가 요리용디 채널을 열면서 스스로에게 했던 질문입니다. 쉽고 빠르게 레시피를 알려주는 요리 콘텐츠 만들기. 하지만 그런 콘텐츠는 결코 쉽게 나오지 않더라고요. 복잡한 레시피를 쉽게 풀려고 하니 영상이 길어졌고, 반대로 짧게 하려니까 디테일이 빠지는 문제가 생겼습니다. 수많은 시도 끝에 60초 안에 레시피를 소개하는 요리용디의 푸드 콘텐츠가 탄생했습니다. 그리고 그 결과는 아주 성공적이었습니다.

요리용디 채널은 시작한 지 1년 만에 틱톡, 인스타그램, 유튜브에서 총 190만 구독자와 7억 뷰가 넘는 조회 수를 달성했습니다. 요즘도 월평균 4,000만 회 이상의 조회 수를 기록하고 있으니 이제는 거의 모든 대한민국 사람들이 보는 채널이 된 것 같습니다. 요리용디가 이렇게 큰 사랑을 받는 것은 쉽고 간단한 레시피 덕분이라고 생각합니다. 그런데 요리용디 레시피 영상이 워낙 짧다 보니 따라 만들기 어렵다는 댓글이 많았습니다. 어떻게 하면 이 문제를 해결할 수 있을까 고민하던 중, 마침 출판사에서 좋은 기회를 만들어주셔서 이렇게 책을 출판하게 되었습니다.

난이도는 제로! 맛은 1등!
70여 개의 아이디어
요리용디 레시피

이 책에서는 70여 개의 요리용디 레시피를 소개합니다. 레시피의 난이도는 요리를 한번도 안 해본 사람이 당장 요리를 할 수 있는 수준입니다. 이 책만 보고 따라 하면 누구나 제법 맛있는 음식을 완성할 수 있습니다. 요리용디 채널에서 본 요리가 여러분의 식탁에 그대로 오를 수 있도록 저와 요리용디 푸드 팀이 여러 차례에 걸쳐 테스트했으니까요.

실제로 요리용디 푸드 팀 이도연 님과 이세민 님은 이 책에 실을 레시피를 선정하고 검증하는 작업에 엄청난 노력을 쏟아부었습니다. 복잡한 레시피를 간단하게 만드는 과정은 순탄치 않았습니다. 모든 요리를 수차례 만들어야 했고, 전부 먹어봐야 했습니다. 결과적으로 우리 푸드 팀 멤버들은 집필 기간 동안 상당량의 체지방을 얻게 되었고, 아직까지도 눈물의 다이어트를 하고 있습니다. 두 분께 다시 한번 깊은 감사의 말씀을 드립니다. 그리고 이 책이 나오기까지 모든 과정을 함께해주신 용감한 까치 출판사, (주)와 이디커머스 이혜리 님, 허자윤 님, 요리용디를 사랑해주시는 요친들께 감사드립니다.

2022년 10월 13일 요리용디

요리용디의
요리 철칙
料理 鐵則

저는 요리를 할 때 세 가지를 지키려고 노력합니다.

첫째는 내가 맛있게 먹을 수 있는 음식을 만드는 겁니다.

아무리 유명한 셰프가 개발한 레시피를 시도하더라도 내 입맛에 맞지 않으면 아무 소용 없습니다. 내가 먹어보고 내 입맛에 맞게 수정해야 친구들에게도 자신 있게 권할 수 있습니다. 내 입맛은 곧 내 목소리나 다름없어요. 마치 외모처럼 입맛도 타고나는 것이니 있는 그대로 존중해야 합니다. 맛을 봤을 때 나한테 달면 단 거고, 나한테 짜면 짠 거예요. 옆 사람 눈치 볼 것 없어요. 요리는 항상 내 입맛대로 하세요.

둘째는 내가 쉽게 구할 수 있는 재료로 만드는 겁니다.

조미료부터 주재료까지 대단한 식재료가 꼭 대단한 맛을 내는 것은 아닙니다. 특히 유튜브 콘텐츠를 만들다 보면 흥행성 때문에 값비싼 식재료를 소개하고 싶은 유혹에 빠지는데(그래서 종종 만들기도 합니다만) 실제로 해 먹는 음식은 항상 구하기 쉬운 재료로 만듭니다. 구하기 쉽다는 건 그만큼 유통량이 많다는 뜻이고, 유통량이 많은 식재료는 대부분 신선합니다. 신선한 재료는 그 자체로도 맛이 좋기 때문에 요리가 성공할 확률을 훨씬 더 높여줍니다.

셋째는 레시피가 단순해야 합니다.

요리 초보가 복잡한 레시피에 도전하면 실패할 확률이 높아집니다. 요리에 실패하면 맛없는 음식을 먹어야 하고요. 그러다 보면 점점 요리에 흥미를 잃게 됩니다. 요리하는 데 최소한의 에너지만 쓰고 먹을 때 모든 에너지를 쏟아부으세요. 토스트든 라면이든 요리든 가장 접근하기 쉬운 레시피부터 하나씩 시도해보세요. 직접 만든 요리가 맛있으면 계속 만들어 먹게 되고, 그러다 보면 점점 어려운 레시피도 소화할 수 있습니다.

요리용디의 요리 철칙을 종합해보면 내 입맛에 맞는 음식을 구하기 쉬운 식재료를 사용해 최대한 단순하게 만드는 것입니다. 이것만 지킨다면 누구나 요리사가 될 수 있습니다. 꼭 기억하세요. 요리는 내가 즐기려고 하는 것이지 남에게 자랑하기 위해서 하는 게 아니라고요!

〔BASIC〕

근사한 외식의 기본

〔PART 01〕 1만 원으로 차리는 근사한 외식

저는 주로 계량컵과 계량스푼만 사용하고 있습니다. 계량컵은 200ml와 500ml, 이렇게 두 가지 사이즈만 있으면 충분합니다. 계량스푼은 15ml와 5ml가 시중에서 쉽게 구할 수 있는 규격입니다. 정확하게 계량하려면 양념과 조미료의 제형에 따라 각기 다른 방법으로 재야 하지만 대량으로 조리하지 않는 이상 큰 차이는 없기 때문에 아래 표시된 양을 기준으로 삼으시면 됩니다.

큰술 = 1T = 15㎖

작은술 = 1t = 5㎖

- 약간(가루 재료) = 엄지손가락과 검지손가락 끝으로 소금이나 설탕 등을 꼬집어 잡아 올렸을 때 남아 있는 정도 = 약 1~2g

- 1줌 = 한 손으로 가볍게 쥐어 잡아 올리는 양 = 약 200g

※ 그 외에 후춧가루 약간은 가볍게 2~3번 톡톡 쳐서 나오는 정도, 대파 ½대는 약 10㎝

기본 조리 도구

① 손잡이가 긴 나무 주걱

② 긴 나무젓가락

③ 국자

④ 집게

⑤ 체

⑥ 프라이팬

⑦ 냄비

⑧ 전자레인지 사용 가능한 접시와 컵

⑨ 믹서

⑩ 김발

디저트를 위한 추가 조리 도구

짤주머니(지퍼 백으로 대체 가능), 실리콘 주걱, 종이 포일, 밀대(유리병으로 대체 가능)

용디가 제안하는 홈파티 준비물

홈파티라고 해서 꼭 비싸거나 화려한 재료를 구입할 필요는 없어요. 가지고 있는 것을 충분히 활용하되 강조하고 싶은 소품과 음식에 조금만 공을 들이면 집에서도 충분히 파티 분위기를 낼 수 있거든요. 요리용디가 몇 가지 꿀팁을 알려드릴게요.

그릇

서로 포개서 보관할 수 있는 살짝 오목한 형태의 그릇을 구비하는 것이 좋습니다. 이런 그릇에 볶음밥이나 면 요리, 또는 국물 요리 등 다양한 음식을 담아낸 모습을 상상해보세요. 형태가 비슷하기 때문에 식탁에서 일관된 톤을 유지할 수 있는데, 그릇마다 다른 요리를 담아낸다면 아주 재밌는 연출이 가능할 거예요.

커틀러리

칼이나 포크, 수저 등이 분위기에 미치는 영향은 아주 큽니다. 할 수만 있다면 이것만큼은 조금 욕심을 내서 투자해도 좋아요. 저는 그릇보다 커틀러리에 더 과감하게 투자하는 것을 권합니다. 어떤 도구로 먹느냐에 따라 음식을 대하는 태도가 달라지거든요. 혼자 있을 땐 손으로 덥석 집어 먹던 음식을 고급스러운 포크와 나이프로 먹는 모습을 상상해보세요. 마치 멋지게 빼입고 힙한 레스토랑에 간 것 같은 기분을 느낄 수 있을 거예요.

컵

내용물이 비치는 투명한 컵도 좋고, 디자인이 들어간 컵도 좋습니다. 다만 식탁의 색감과 재질을 떠올려보고 그 위에 올렸을 때 잘 어울릴 만한 컵을 선택하세요. 여러 그릇이 올라가 있는 식탁에 독특한 컵 하나로 분위기를 완전히 바꿀 수 있습니다. 술을 좋아한다면 주종에 잘 어울리는 잔도 하나 올려보세요. 예쁜 빛깔을 내는 와인이나 보글보글 기포가 올라오는 샴페인을 글라스에 따라내면 본격적으로 파티가 시작되는 느낌이 날 거예요.

테이블보, 티 코스터

식탁이 너무 무난하고 심심하다면 테이블보로 커버해보세요. 테이블보 하나 잘 고르면 집 안 분위기가 레스토랑처럼 바뀔 수도 있습니다. 그 위에 예쁜 색상의 냅킨이나 종이 레이스(도일리)를 올려놓으면 금상첨화겠죠. 멀리 갈 필요 없이 집 근처 생활용품점에 가면 꽤 다양한 제품이 있어요.

집 안 소품 활용하기

방에 있는 블루투스 스피커나 베란다에 있는 꽃병 같은 소품을 식탁 위에 올려보는 것도 아주 좋은 방법입니다. 형광등을 끄고 대신 스탠드를 켜서 조명을 바꾸면 드라마틱한 효과를 줄 수 있어요. 중요한 건 자신이 원하는 분위기를 연출하기 위해 노력해보는 것입니다. 준비하는 과정 자체가 즐거워야 해요. 이렇게 노력을 기울여 홈파티를 즐기면 똑같은 음식도 분위기에 따라 완전히 다른 맛이 난다는 사실을 깨닫게 될 거예요.

요리를 시작하기에 앞서 필수적인 단계가 있죠! 바로 장보기입니다. 수백 가지 요리 영상을 위해 수백 번 시장을 다니면서 깨달은 저의 노하우를 알려드릴게요.

1 가격표를 유심히 보세요.

식재료를 쇼핑할 때 제품 가격표를 유심히 보세요. 제품명 하단에 '단위당 가격'이라는 항목이 있을 거예요. 예전에는 대용량, 묶음 상품이 무조건 싸다는 인식이 있었습니다. 하지만 꼼꼼히 비교해보면 대용량 묶음 제품 가격이 단품보다 더 비싼 경우도 있어요. 그래서 제품 가격보다 단위당 가격을 비교하는 것이 더욱 합리적입니다. 대용량 묶음 상품이 저렴한 경우에도 한번 더 생각해보세요. 식재료는 대량으로 구매했다가 유통기한 내에 소진하지 못하면 돈을 낭비할 뿐 아니라 아까운 식재료도 버리게 됩니다. 제품의 보관 방법 및 유통기한을 살펴보고 딱 필요한 만큼만 사는 게 알뜰 쇼핑의 첫걸음입니다. 특히 혼밥하는 집에서는 요리하고 남는 재료가 생기면 버리는 경우가 많습니다. 따라서 식재료를 쇼핑할 땐 내 충동이 이끄는 것보다 살짝 덜 사는 게 유리합니다.

565934
빙그레
바나나맛우유
240MLX8
BANANA FLAVORED MILK

단가: ₩354/100㎖

6,790원

※ 빨간 점선 부분이 단위당 가격.
매우 작은 글씨로 쓰여 있으므로
유심히 봐야 한다.

2 제철 식재료를 먼저 선택하세요.

식재료는 제철에 유통량이 가장 많기 때문에 제철에 사야 신선하고 가격도 저렴합니다. 제철 식재료에 관심을 가지면 식단을 짜기도 한결 쉬워집니다. 배추를 사더라도 시기에 따라 배추겉절이 - 봄동겉절이 - 상추겉절이 등 다양한 반찬을 만들 수 있고, 된장국의 경우에도 달래된장국 - 바지락된장국 - 감자된장국 등 주재료의 선택을 달리해 매일매일 흥미로운 음식을 식탁에 올릴 수 있어요.

3 마트에 갈 땐 꼭 리스트를 만드세요.

마트에 가면 여기저기에 쓰여 있는 '특가', '오늘만 할인' 같은 문구 때문에 눈이 휙휙 돌아갑니다. 오늘 당장 사지 않으면 손해 볼 것 같은 느낌 때문에 계획에 없던 소비를 하게 되죠. 그러므로 마트에 갈 땐 그날 꼭 사야 하는 품목을 정리해서 리스트로 만드세요. 뚜렷한 목적이 생기면 다른 곳에 시선이 가는 것을 방지해 불필요한 소비를 막을 수 있습니다. 새로운 식재료에 관심이 가더라도 우선은 꼭 사기로 한 걸 구매한 다음에 고민하세요.

4 　자주 이용하는 마트의 알림을 받으세요.

요즘은 문자나 톡으로 행사하는 품목을 공유하는 마트가 많아요. 물량이 많이 확보되었거나 유통기한이 얼마 남지 않은 제품을 빨리 소진하기 위해 높은 할인율로 행사를 진행하기도 합니다. 그럴 땐 행사 중인 제품 품목을 꼼꼼히 확인하고 주 단위로 식단을 짜는 것도 좋은 방법이에요. 하지만 원 플러스 원 이라든지 대용량 제품을 할인하는 경우엔 유통기한 내에 다 소진할 수 있을지 고민해본 후 사야 합니다.

5 　손질이 덜 된 식재료를 구입하세요.

집에서 직접 요리를 하는 일이 거의 없는 분들은 밀키트나 HMR을 구입하는 편이 더 경제적이에요. 하지만 집에서 요리를 자주 하는 경우에는 손질이 덜 된 식재료를 구입할수록 더 알뜰하게 장을 볼 수 있습니다. 예를 들어 다진 마늘의 가격과 통마늘의 가격을 비교하면 통마늘이 훨씬 저렴한 것을 확인할 수 있어요. 통마늘을 구매해서 잘게 다진 다음 냉동해두면 두고두고 쓸 수 있어 돈도 아끼고 시간도 아낄 수 있습니다. 당근, 양파, 감자 등도 마찬가지예요. 원물을 구입해서 직접 손질할수록 지갑은 든든해지고 요리 실력은 쭉쭉 늘어납니다.

진간장(샘표,금F3)

열을 가해도 쉽게 변하지 않는 묵
직한 풍미를 지녔다. 간장의 기본.

국간장(청정원)

진간장보다 염도가 높고 색이 옅다.
식재료 본래의 색을 유지해준다.

식초(오뚜기)

입맛을 돋우는 신맛을 담당한다.

맛술(롯데)

음식의 비린내를 제거하는 데 주로
사용하며 도수가 보통 1% 이하다.

굴소스(이금기)

굴소스 넣었는데 맛없기는 쉽지 않
다. 조미료계의 종합 선물 세트.

마요네즈(오뚜기)

고소함과 부드러움을 담당한다.

케첩(오뚜기)

새콤달콤한 맛을 낸다. 종류에 따
라 새콤한 맛이 더 강한 것도 있다.

참기름(오뚜기)

참기름의 향은 모든 음식에 고소함
을 더해준다.

들기름(오뚜기)

식물성 기름 중 오메가3 함량이 가
장 높다. 참기름과 함께 고소함을
더해준다.

설탕(백설)

적당량을 쓰면 음식 맛의 레벨을
올려준다.

순후추(오뚜기)

음식에 향을 더하고 소화에 도움을
준다.

소금(몰튼)

음식의 기본 간을 좌우하며 가장
중요한 조미료다.

물엿(백설)

음식에 점도와 윤기를 더하고 싶을
때 사용한다.

마늘가루(피코크)

간편하게 마늘의 풍미를 더하고 싶
을 때 사용한다.

양파가루(피코크)

티나지 않게 양파의 향만 더하고
싶을 때 사용한다.

치킨파우더(이금기)

모든 음식의 감칠맛을 담당하는
마법의 파우더. 넣으면 일단 맛있어
진다.

볶음밥, 파스타, 면 요리 등 어떤 요리와도 잘 어울리는 피클 만드는 법을 소개할게요. 양파, 오이, 무, 양배추를 주재료로 하고 비트, 레몬, 청양고추 등 약간의 부재료를 추가하면 나만의 특별한 수제 피클을 만들 수 있습니다.

① 유리병은 소독한 다음 물기를 말린다.

② 양배추, 오이, 양파, 무, 비트를 적당한 크기로 썬다.

③ 유리병에 채소를 담는다.

④ 냄비에 물 500㎖, 설탕 250g, 식초 250㎖, 소금 ½큰술을 넣고 중약불에서 5분간 끓인다.

⑤ 뜨거운 절임 물을 재료가 담긴 유리병에 바로 부은 후 뚜껑을 닫지 않고 상온에서 식힌다.

⑥ 식은 후엔 뚜껑을 닫고, 상온에 반나절 정도 두어 맛이 들기를 기다린다. 냉장고에서 2~3일 정도 숙성하면 더 깊은 맛을 느낄 수 있다.

재료 백도 통조림 ½개, 흑설탕 200g, 뜨거운 물 200㎖, 얼음
110g, 티백(홍차 또는 얼그레이) 1개

복숭아아이스티

(난이도) 하 (소요시간) 12분

아주 간단한 재료를 활용해 고급스러운 복숭아아이스티를 만들 수 있어요. 가장
중요한 포인트는 티백으로 차를 우리는 겁니다. 차를 베이스로 음료를 만들면 향
이 훨씬 좋아지거든요. 만약 백도를 조리는 과정이 귀찮게 느껴진다면 아이스티
가루를 차에 타도 되고, 복숭아 시럽을 조금 넣어도 됩니다. 한 모금 마실 때마다
투명한 유리컵 안으로 보이는 복숭아와 얼음 덕에 갈증이 싹 날아갈 거예요.

① 뜨거운 물 200㎖에 티백 1개를 넣어 3분간 우린다.

② 백도 1조각은 슬라이스하고, 나머지는 큐브 모양으로 다진다.

③ 냄비에 큐브 백도와 흑설탕을 1:3 비율로 넣고 약한 불에서 조린다.

④ 유리컵에 조린 백도, 슬라이스한 백도, 얼음을 넣고 우려둔 차를 부어
완성한다.

재료 우유 200㎖, 설탕 2작은술, 얼음 100g, 델로스 과자 8개 +
데코용 2개

델로스스무디

(난이도) 하 (소요시간) 4분 46초

맞아요. 그 델로스 맞습니다. 블랙커피랑 딱 어울리는 과자 델로스요. 델로스로 스
무디를 만든다는 게 상상이 되시나요? 한번 시도해보세요. 델로스의 계피 향과 우
유의 부드러움이 만나 엄청난 시너지를 냅니다. 델로스를 구하기 어렵다면 그와
비슷한 로투스라는 과자를 사용해도 됩니다. 로투스가 계피 향이 약간 더 진하고
흑설탕의 단맛이 있다면 델로스는 백설탕의 단맛이라고 할 수 있어요. 델로스스
무디에 한번 빠지면 중독될 수 있으니 다이어트 중인 분들은 주의하세요.

① 믹서에 우유 200㎖, 설탕 2작은술, 델로스 8개, 얼음 100g을 넣고 간다.

② 유리컵에 스무디를 따른 후 데코용 델로스 과자를 부숴 올려 완성한다.

재료 우유 300㎖, 얼그레이 티백 1개, 설탕 30g+30g, 콜라 25㎖, 얼음 110g

밀크티

(난이도) 중하　(소요시간) 11분

밀크티는 홍차에 우유를 섞어 마시는 음료예요. 영국에서 따뜻한 홍차에 데운 우유를 섞어 마시는 밀크티가 유행했는데, 아삼 홍차의 떫고 쓴맛을 보완하기 위해 우유를 섞기 시작했다고 해요. 일본에서는 우유와 홍차의 비율을 거의 1:1로 맞추는 로열밀크티가, 대만에서는 타피오카 펄을 넣은 버블티가 유명하죠. 우유를 데울 때 어느 순간 확 끓어 넘칠 수 있으니 약한 불에서 살살 조리하세요. 콜라와 설탕을 약한 불에서 조려 시럽을 만들면 적당한 단맛과 흑당 같은 색감을 동시에 낼수 있습니다. 시럽을 만들 때 젓가락이나 수저 같은 조리 기구를 넣으면 시럽이 굳어버려요. 냄비 손잡이를 잡고 빙글빙글 돌려 시럽이 타지 않게 조리세요.

① 냄비에 설탕 30g, 콜라 25㎖를 넣고 약한 불에서 끓여 시럽을 만들어 한김 식힌 후, 짤주머니에 담는다. 이때 젓가락이나 숟가락 등의 조리 기구를 냄비 속에 넣어 젓지 말고 냄비 손잡이를 돌립니다.

② 냄비에 우유 300㎖를 붓고 약한 불에서 살살 끓인다.

③ 우유가 끓으면 불을 끄고 얼그레이 티백 1개를 넣어 3분간 우린다.

④ 티백을 꺼낸 후 설탕 30g을 넣고 녹인다.

⑤ 유리컵을 기울여 벽면에 시럽을 뿌린 후 얼음, ④의 얼그레이우유를 부어 완성한다. 시럽은 완전히 식힌 후 사용하세요.

재료 우유 200㎖, 설탕 2큰술, 얼음 100g, 멜론 시럽 60g, 메로나 아이스크림 1개

메로나스무디

(난이도) 하　(소요시간) 5분

'올 때 메로나'라는 말이 있죠? 온 국민이 사랑하는 메로나 아이스크림을 활용해 스무디를 만들어봅시다. 우유로 스무디를 만든 다음 연두색 메로나를 꽂아보세요. 그 자체만으로도 비주얼이 훌륭한 디저트가 됩니다. 메로나 한 입 먹고 스무디 한 입 마시다 보면 어느새 메로나가 하얀 우유 속으로 섞이면서 더욱 예쁜 빛깔이됩니다. 초록빛깔 멜론 시럽은 무게 때문에 바닥에 가라앉기 쉬워요. 살살 저어 먹으면 시종일관 달콤한 메로나스무디를 즐길 수 있어요.

① 믹서에 우유 200㎖, 설탕 2큰술, 얼음 100g을 넣고 간다.

② 유리컵에 멜론 시럽 60g을 담고 ①의 스무디를 붓는다.

③ 메로나 아이스크림을 꽂아 완성한다.

27

PART 1

1만 원으로 차리는 근사한 외식

게살덮밥

난이도
하

소요 시간
5분

Crab with Rice

주재료

☑ 즉석밥 1개 ······························ ₩1,080
☐ 달걀 2개 ······················ ₩3,080(6개입 1팩)
☐ 크래미 3개 ··················· ₩760(90g짜리 1팩)

양념·소스·기타 재료

○ 전분 1큰술, 소금 약간, 간장 1큰술, 굴소스 1큰술, 설탕 1큰술, 맛술 1큰술, 식초 1큰술, 물 130㎖+2큰술, 식용유 약간, 파슬리가루 약간

총 ₩4,920~

가끔은 고기보다 해산물이 당길 때가 있잖아요? 그럴 땐 게살덮밥을 만들어봅시다. 편의점에서도 살 수 있는 크래미로 만들면 가성비까지 높일 수 있어요. 흔한 재료라 좀 없어 보이지 않을까 하는 걱정은 접어두세요. 이 레시피대로 조리하면 멋진 중식당에서 먹을 법한 비주얼의 요리가 탄생합니다.

요리 초보들은 전분을 사용하는 게 조금 어려울 수 있어요. 전분을 넣으면 소스 농도가 걸쭉해지고, 보들보들 윤기가 생깁니다. 게살덮밥을 더욱 부드럽게 만들고 싶다면 크래미를 최대한 잘게 찢어주세요. 포크를 활용해 크래미를 결대로 여러 번 긁어주면 훨씬 잘 찢어집니다.

크래미 3개를 결대로 잘게 찢는다.

볼에 달걀 2개를 풀고 ①과 소금 약간을 넣어 잘 섞어준다.

볼에 전분 1큰술, 물 2큰술을 섞어 전분물을 만든다.

냄비에 간장 1큰술, 굴소스 1큰술, 설탕 1큰술, 맛술 1큰술, 물 130㎖를 넣고 중약불로 끓인다.

④가 끓어오르면 ③의 전분물과 식초 1큰술을 넣고 걸쭉해
질 때까지 끓인다.

팬에 식용유를 두르고 ②를 넣어 중약불에서 젓가락으로
저으며 반숙으로 살살 익힌다.

즉석밥 1개를 데워 그릇에 담고 ⑥을 올린 후 ⑤의 소스를
붓는다.

파슬리가루를 뿌려 완성한다.

마늘고추볶음밥

난이도　　　소요 시간
하　　　　　5분

Garlic Pepper Fried Rice

주재료

- ☑ 즉석밥 1개 ·················· ₩1,080
- ☐ 마늘 4쪽 ·············· ₩2,980 (150g짜리 1봉)
- ☐ 청양고추 2개 ·········· ₩2,480 (100g짜리 1봉)

양념·소스·기타 재료

- ☐ 들기름 1큰술, 굴소스 1큰술, 후춧가루 약간, 통깨 약간

총 ₩6,540~

냉장고를 열었는데 마늘하고 고추밖에 없다? 분명 어젯밤에 삼겹살을 구워 먹었다는 증거죠. '고작 마늘이랑 고추로 뭘 할 수 있겠어' 하고 좌절하지 마세요! 드디어 당신의 요리 실력을 한 단계 업그레이드할 기회가 온 겁니다.

마늘을 노릇하게 볶으면 단맛이 살짝 감돌아요. 거기에 매콤한 고추까지 더하면 둘 사이에 엄청난 시너지가 발생합니다. 특히 매운맛이 얼얼하게 오래 남는 외국 고추와 달리 우리나라 고추는 매콤한 느낌이 적당한 선에서 딱 사라집니다. 그 때문에 마늘과 청양고추를 넣고 볶음밥을 만들면 아주 청량하고 담백한 요리가 완성됩니다.

마늘은 편 썰고 청양고추는 어슷 썬다.

팬에 들기름 1큰술을 두르고 마늘과 청양고추를 넣어 약한 불에서 노릇하게 볶는다.

②에 굴소스 1큰술과 후춧가루 약간을 넣고 한번 더 볶는다.

데우지 않은 즉석밥 1개를 넣고 국자로 부수듯 눌러서 볶는다.

5

그릇에 볶음밥을 담고 통깨를 뿌려 완성한다.

공룡알주먹밥

난이도
상

소요 시간
15분

Dinosaur Rice Ball

주재료

☑ 즉석밥 1개 ·························· ₩1,080

◯ 불닭볶음면(큰 컵) 1개 ·········· ₩990

◯ 달걀 4개 ·························· ₩3,080 (6개입 1팩)

◯ 김밥용 김 4장 ·················· ₩1,680 (1봉)

양념·소스·기타 재료

◯ 고추장 1큰술, 참기름 1큰술, 식초 1큰술, 소금 1작은술

총 ₩6,830~

SNS에서 유행하는 푸드 콘텐츠를 연구하다 보면 종종 신기한 레시피를 발견하곤 합니다. 그중에서도 공룡알주먹밥은 도저히 그냥 지나칠 수 없는 엄청난 비주얼을 자랑하는 녀석이었습니다.

동글동글 매끈한 검은색 알을 반으로 가르면 맵디매운 불닭볶음면을 지나 잘 익은 달걀이 나와요. 매운 라면과 달걀, 그리고 김의 하모니는 도저히 참을 수 없는 맛을 냅니다.

다만 달걀을 불닭볶음면으로 감싸고 또 그 위에 김을 붙이는 과정이 쉽지만은 않습니다. 모양이 매끈하게 나오지 않고 울퉁불퉁해지거든요. 하지만 괜찮아요. 시간이 다 해결해주니까요. 실제로 김을 붙여놓고 잠시 두면 김이 수분을 흡수해 점점 더 매끄럽게 접착됩니다.

1

끓는 물에 소금 1작은술, 식초 1큰술을 넣고 달걀 4개를 넣어 8분간 삶은 다음 찬물에 담가 식혀 껍질을 깐다. 처음에 2분가량 수저로 살살 굴려주면 노른자가 가운데에 위치하게 됩니다.

2

불닭볶음면을 만든다. 달걀을 삶는 동안 만들면 시간을 아낄 수 있습니다.

3

즉석밥 1개를 데워 그릇에 넣고 완성된 불닭볶음면, 고추장 1큰술, 참기름 1큰술을 넣어 가위로 잘게 잘라 섞는다. 컵라면 용기를 이용해 섞는다면 설거지 거리를 줄일 수 있습니다.

4

삶은 달걀을 ③의 불닭볶음밥으로 감싼다. 달걀에 불닭볶음밥이 잘 붙지 않아 빠르게 김으로 감싸는 스피드가 중요합니다.

④를 김밥용 김 위에 얹어 감싸 완성한다. 김에 물을 살짝 뿌리면 더 잘 붙고 시간이 조금 지나면 매끈해집니다.

달걀볶음밥

난이도
하

소요 시간
5분 30초

receipt

Egg Fried Rice

주재료

- ☑ 즉석밥 1개 ······················· ₩1,080
- ☐ 달걀 2개 ······················· ₩3,080 (6개입 1팩)
- ☐ 대파 ⅓대 (25g) ··············· ₩2,780 (1봉)

양념·소스·기타 재료

- ☐ 식용유 2큰술, 간장 2큰술, 굴소스 2작은술, 소금 약간

총 ₩6,940~

만약 단 하나의 볶음밥을 먹어야 한다면 저는 달걀볶음밥을 강력 추천합니다. 맛있으면서 만들기도 쉽기 때문이에요. 필요한 재료는 파와 달걀뿐이고요.

훌륭한 달걀볶음밥을 만들기 위해선 달걀로 밥알을 한 알 한 알 코팅하는 과정을 거쳐야 합니다. 어려울 것 같지만, 식은 밥에 달걀을 미리 섞어놓으면 쉽습니다. 그런 다음 볶을 땐 달걀을 원하는 만큼 익히는 거예요. 달걀을 푹 익히면 바삭바삭한 볶음밥이 되고 살짝만 익히면 촉촉한 볶음밥이 되는데, 어떤 볶음밥을 만들지는 어디까지나 개인의 취향 문제.

만약 달걀볶음밥에 성공했다면 여러분은 다음 볶음밥에 도전할 준비가 된 겁니다. 새우 넣어 새우볶음밥, 고기 넣어 고기볶음밥, 채소 넣어 채소볶음밥 등등. 뭐든 취향대로 넣고 셰킷 셰킷 해보세요!

데우지 않은 즉석밥 1개에 달걀 2개와 소금 약간을 넣고 잘 섞는다.

팬에 식용유 2큰술을 넣고 송송 썬 대파를 올려 볶는다. 대파
는 취향에 따라 잘게 다지거나 큼지막하게 썰어도 좋습니다.

파가 노릇하게 익으면 ①을 넣고 중간 불에서 휘저으며
볶는다. 밥알이 달걀 때문에 뭉치지 않도록 주의하며 재빨리 볶습니다.

4 달걀이 70% 정도 익으면 팬 구석에 간장 2작은술을 넣고 살짝 눌어붙게 한다. 간장과 불이 만나 향과 맛을 극대화합니다.

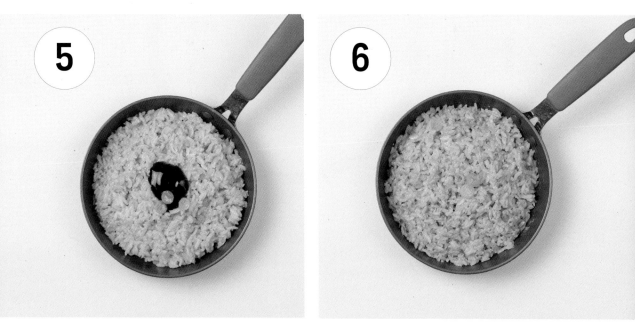

5 간장이 눌기 직전에 밥과 섞고 굴소스 2작은술을 넣은 후 강한 불에 볶아 수분을 날린다.

6 달걀이 완전히 익고 밥이 고슬고슬해지면 그릇에 담아 맛있게 먹는다.

버섯베이컨볶음밥

난이도
하

소요 시간
5분 58초

receipt

Mushroom Bacon Fried Rice

주재료

☑ 즉석밥 1개 ·· ₩1,080
☐ 두꺼운 베이컨 1줄 ······················· ₩2,780 (70g짜리 1팩)
☐ 표고버섯 2개 ······························ ₩3,080 (120g짜리 1팩)

양념·소스·기타 재료

☐ 다진 마늘 1큰술, 버터 20g, 식용유 약간, 소금 약간, 후춧가루 약간, 파슬리가루 약간

총 ₩6,940~

'자취러'들이 표고버섯을 사는 건 매우 드문 일이죠. '어디에 쓰겠다고 이런 식재료를 사나?' 하고 지나쳤다면 이번 기회에 한번 도전해보세요. 표고버섯은 은은한 향이 정말 매력적인 식재료입니다. 특히 표고버섯과 짭조름하고 쫄깃한 베이컨의 궁합은 아주 환상적이에요.

볶음밥을 만들 때 냉장고에 있는 식은 밥을 넣거나 데우지 않은 즉석밥을 이용해보세요. 뜨거운 밥으로 했을 때보다 훨씬 더 고슬고슬한 볶음밥을 만들 수 있어요. 볶음밥은 짧고 굵게 볶는 것이 좋습니다. 우리나라 쌀은 찰기가 많아 볶는 과정에서 밥알이 서로 뭉치는 경우가 있어요. 밥알이 서로 붙어 있으면 겉면만 볶아지고 안은 떡처럼 뭉치기 때문에 식감이 떨어집니다. 그래서 주걱이나 국자로 가차 없이 퍽퍽 눌러 부수면서 볶아야 합니다.

표고버섯은 1x1㎝ 크기의 큐브 모양으로 자르고 베이컨은 1㎝ 폭으로 길게 자른다.

팬에 식용유를 넉넉히 두른 후 다진 마늘 1큰술을 넣고 약한 불에서 볶는다.

②에 베이컨과 표고버섯을 넣어 볶다가 표고버섯이 기름을 모두 흡수하면 버터 20g을 넣은 후 데우지 않은 즉석밥을 국자로 부수듯 눌러 함께 볶는다.

소금 약간, 후춧가루 약간을 넣어 간한다.

그릇에 볶음밥을 담고 파슬리가루를 뿌려 완성한다.

연어오니기리

난이도
하

소요 시간
6분 50초

receipt

Salmon Onigiri

주재료

☑ 즉석밥 1개 ······················· ₩1,080
◻ 연어 30g ······················· ₩4,670 (100g짜리 1팩)
◻ 김밥용 김 1장 ······················· ₩1,680 (1봉)

양념·소스·기타 재료

◻ 검은깨 약간, 소금 약간, 맛술 1큰술, 식용유 약간

총 ₩7,430~

그런 적 있지 않아요?
입맛은 없는데 배는 고플 때.

그럴 땐 오니기리를 만들어보세요! 오니기리는 일본식 주먹밥으로 삼각김밥이랑 비슷한 음식이에요. 한 손에 딱 잡고 와구와구 먹기 좋은 크기로 만드는 게 포인트. 연어뿐 아니라 볶음김치나 참치마요, 멸치볶음 등 다른 속 재료를 넣어도 좋습니다.

최상의 맛을 내기 위해서는 밥에 간간하게 간을 하는 것이 무척 중요하니 잊지 마시고요. 무엇보다 중요한 것은 밥이 뜨거울 때 손에 쥐고 모양을 잡아야 한다는 겁니다. 왜냐하면! 그래야 모양이 잘 나오거든요. 요리 중에 뜨거워진 손바닥은 얼음물에 푹 담가 진정시키면 문제 없습니다.

팬에 식용유를 약간 두르고 연어 30g을 올려 맛술 1큰술과 소금 약간을 넣고 중약불에서 굽는다.

연어가 다 익으면 그릇에 담아 잘게 으깬다.

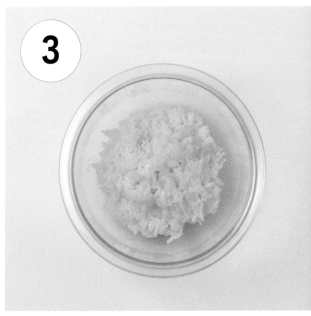

즉석밥 1개를 데워 준비한다.

깨끗이 씻은 양손에 찬물을 적시고 소금을 살짝 묻힌 다음, 밥 100g 정도를 쥐고 가운데를 움푹하게 파 연어를 넣고 다시 오므린다. 찬물은 밥이 손에 달라붙지 않게 해주는 효과가 있습니다.

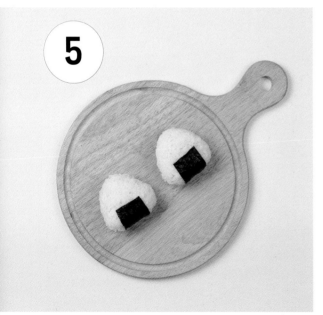

정삼각형으로 빚어 오니기리를 만들고 밑에 김을 붙인다.

한쪽 모서리에 검은깨를 묻혀 완성한다.

팽이버섯덮밥

난이도
하

소요 시간
10분

Enoki Mushroom with Rice

주재료

- ☑ 즉석밥 1개 ·························· ₩1,080
- ☐ 팽이버섯 작은 1봉지 ············ ₩1,280 (1봉)
- ☐ 쪽파 1대 ·························· ₩2,400 (50g짜리 1봉)
- ☐ 달걀노른자 1개분 ··············· ₩3,080 (6개입 1팩)

양념·소스·기타 재료

- ☐ 간장 2큰술, 맛술 2큰술, 설탕 1큰술, 참기름 2큰술, 고춧가루 약간, 물 2큰술

총 ₩7,840~

혼밥러들은 고깃집에서 사이드로 나오는 경우에만 팽이버섯을 만나는 것이 대부분이죠? 이번엔 그 팽이버섯을 주재료로 활용한 덮밥을 만들어볼게요.

생각보다 가성비 높고 맛도 좋은데 소화까지 잘되는 훌륭한 요리가 탄생할 겁니다. 특히 팽이버섯이 꼬득꼬득 씹히는 식감이 예술이죠.

하얀 팽이버섯에 양념이 잘 스며들면 한 입 먹을 때마다 특유의 채수와 양념이 입안에서 환상의 조화를 이룹니다. 단, 이 특별한 팽이버섯의 식감을 충분히 즐기고 싶다면 눅눅해지지 않도록 조리 시간에 주의해주세요. 너무 오래 조리하면 안 됩니다. 팽이버섯의 숨이 죽었다 싶을 때 바로 소스를 넣고 조리세요. 매콤한 맛을 좋아하시는 분들은 고춧가루를 살짝 뿌려 드세요.

팽이버섯은 3㎝ 크기로 자르고 쪽파는 송송 썬다.

볼에 간장 2큰술, 맛술 2큰술, 설탕 1큰술, 물 2큰술을 섞어 소스를 만든다.

팬에 참기름 2큰술과 팽이버섯을 넣고 중약불에서 볶는다.

팽이버섯의 숨이 죽으면 ②를 넣어 조린다.

5

즉석밥 1개를 데운 후 그릇에 넣고 밥 위에 ④와 쪽파, 달걀노른자, 고춧가루 약간을 올려 완성한다.

참치마요덮밥

난이도
하

소요 시간
10분 7초

---

receipt

Tuna Mayo with Rice

주재료

- ☑ 즉석밥 1개 ·········· ₩1,080
- ☐ 작은 참치 캔 1개 ·········· ₩1,340(100g짜리 1캔)
- ☐ 양파 ½개 ·········· ₩3,580(3개입 1팩)
- ☐ 달걀 2개 ·········· ₩3,080(6개입 1팩)

양념·소스·기타 재료

- ☐ 김가루 1줌, 마요네즈 4큰술+약간, 설탕 3큰술, 간장 2큰술, 물 2큰술, 식용유 약간

총 ₩9,080~

참치마요는 대한민국의 혼밥러라면 누구나 아는 메뉴입니다. 하지만 내가 만들면 밖에서 사 먹는 그 맛이 안 나죠. 이유가 뭘까요? 그건 양념을 제대로 안 했기 때문이에요! 참치마요라고 해서 참치 캔 하나 툭 뜯어 마요네즈에 버무렸나요? 당장 그 캔 내려놓고 제 얘기를 들어보세요.

기름을 쏙 뺀 참치에 마요네즈와 설탕, 달걀물, 그리고 아주 약간의 소금, 거기에 양파를 볶을 때 들어가는 양념. 이것만 정확하게 지키면 굉장한 맛의 참치마요덮밥을 완성할 수 있어요. 처음에는 뭘 얼마큼 넣어야 할지 감이 안 잡힐 거예요. 먼저 요리용디 레시피를 그대로 따라 해보고 점점 취향에 맞게 비율을 조절해보세요. 때로는 생각보다 달게 되고 때로는 짜거나 싱거워지겠지만 그런 도전을 통해 내 입맛에 딱 맞는 요리를 할 수 있게 되는 거라고요.

1

기름을 뺀 작은 참치 캔 1개와 마요네즈 4큰술, 설탕 1큰술
을 섞어 참치마요를 만든다.

2

양파를 얇게 채 썬다.

3

달걀 2개를 풀어 달걀물을 만든다.

4

팬에 식용유를 약간 두르고 ③을 올려 약한 불에서 스크
램블드에그를 만든다. 완성한 스크램블드에그는 접시에 덜어두세요.

5

팬에 채 썬 양파와 간장 2큰술, 설탕 2큰술, 물 2큰술을 넣고 양파 색이 진한 갈색이 될 때까지 약한 불에서 조리듯 볶는다.

6

즉석밥 1개를 데운 후 밥 위에 스크램블드에그, 볶은 양파, 참치마요 순으로 올린다.

7

마요네즈를 짤주머니에 넣어 ⑥ 위에 격자무늬로 뿌린 후 김가루 1줌을 올려 완성한다.

제육덮밥

난이도
중상

소요 시간
13분 30초

receipt

Spicy Pork with Rice

주재료

- ☑ 즉석밥 1개 ·· ₩1,080
- ◯ 돼지고기 앞다리살 200g ··················· ₩2,960
- ◯ 숙주 100g ···································· ₩2,570(240g짜리 1봉)
- ◯ 대파 ½대 ··································· ₩2,780(1봉)

양념·소스·기타 재료

- ◯ 다진 생강 1작은술, 다진 마늘 1큰술, 고추장 1큰술, 설탕 1
  큰술, 간장 1큰술, 맛술 1큰술, 물엿 1큰술, 참기름 1큰술, 통
  깨 1큰술, 식용유 약간

X 과채를 만들기 때문에 난이도가 중상입니다.

총 ₩9,390~

이번에는 혼밥러 양념 고기 요리의 끝판왕인 제육덮밥을 만들어보겠습니다.

이 책에 실린 다른 고기 양념 요리와 달리 이번에는 고기에 양념을 버무려 한동안 재워둘게요. 이렇게 하는 이유는 뭘까요? 양념이 고기에 쏙쏙 스며들게 하려는 거예요. 양념이 깊이 스며들수록 고기는 더욱 맛있어집니다.

요리용디 제육덮밥의 또 다른 맛 포인트는 숙주입니다. 조금 귀찮더라도 숙주를 잘 씻은 다음 꼬리를 잘라내세요. 그래야 모양도 맛도 깔끔한 제육덮밥을 만들 수 있어요. 그리고 숙주를 넣는 타이밍이 아주 중요해요. 숙주는 열에 닿자마자 숨이 죽어버립니다. 너무 오래 조리하면 특유의 아삭한 식감을 잃고 말아요. 흐물거리는 숙주를 먹고 싶지 않다면 조리할 때 집중하세요!

1

대파는 채 썰고 숙주는 꼬리를 제거한다.

2

돼지고기 앞다리살은 한 입 크기로 자른다.

3

볼에 재료를 넣고 섞어 양념을 만든다. 재료: 고추장 1큰술, 다진 마늘 1큰술, 설탕 1큰술, 간장 1큰술, 맛술 1큰술, 물엿 1큰술, 참기름 1큰술, 통깨 1큰술, 다진 생강 1작은술

4

③에 ②를 넣어 버무린다.

5 팬에 식용유를 약간 두른 후 ①의 채 썬 대파를 넣고 약한 불에서 볶는다.

6 대파의 숨이 죽으면 ④를 넣고 같이 볶는다.

7 고기가 70% 정도 익으면 숙주를 넣고 같이 볶는다.

8 즉석밥 1개를 데워 그릇에 담은 다음 제육볶음을 올려 완성한다.

마파두부덮밥

난이도
중

소요 시간
12분

receipt

MapaTofu with Rice

주재료

- ☑ 즉석밥 1개 ·························₩1,080
- ☐ 대파 ½대 ·························₩2,780 (1봉)
- ☐ 양파 ½개 ·························₩3,580 (3개입 1팩)
- ☐ 다진 돼지고기 100g ·················₩1,180
- ☐ 두부 1모 ·························₩1,280

양념·소스·기타 재료

- ☐ 두반장 1큰술, 다진 마늘 1큰술, 전분 1큰술, 맛술 2큰술, 식용유 약간, 물 100㎖+2큰술

총 ₩9,900~

설마 마파두부를 만들 일이 있을까 싶겠지만 요리용디의 요리책을 보고 있다면 만들 수 있습니다. 사실 마파두부는 매우 간단한 요리입니다. 두부랑 두반장만 있으면 거의 다 된 거나 마찬가지랄까요?

두반장은 콩을 주재료로 만든 중국식 장의 일종이에요. 약간 맵기도 하고 짜기도 하면서 감칠맛이 도는 복잡한 맛인데, 마파두부소스의 맛은 바로 이 두반장이 좌우합니다. 돼지고기 기름과 두반장은 궁합이 아주 좋아요. 거기에 담백하고 고소한 두부까지 넣으니 맛이 없을 수 없는 조합이죠?

요리 제일 마지막에 전분물로 농도를 조절할 건데, 정해진 농도는 없어요. 전분을 많이 넣으면 걸쭉해지고 반대로 적게 넣으면 묽어집니다. 기호에 맞게 조리하세요.

1

두부는 깍둑 썰고 양파는 채 썰고 대파는 다진다. 기호에 따라
쪽파를 송송 썰어 넣어도 좋습니다.

2

팬에 식용유를 약간 두르고 대파를 넣어 약한 불에서 볶
아 파기름을 낸다.

3

②에 다진 돼지고기를 넣고 중약불에서 볶다가 고기가 익으면 약한 불로 줄이고 맛술 2큰술을 넣어 섞는다.

③에 준비해둔 두부와 양파를 넣고 다진 마늘 1큰술, 두반장 1큰술, 물 100㎖를 넣어 조린다.

볼에 전분 1큰술과 물 2큰술을 넣고 섞어 전분물을 만든 후 ④에 부으며 농도를 걸쭉하게 맞춘다. 전분물을 넣을 땐 주걱으로 저으면서 섞어야 뭉치지 않습니다.

즉석밥 1개를 데워 그릇에 담고 마파두부를 얹어 완성한다.

쌈장라면

난이도
중하

소요 시간
14분

receipt

Ssamjang Ramen

주재료

☑ 신라면 1봉 ·· ₩730
☐ 삼겹살 ½줄(50g) ············· ₩2,880 (100g짜리 1팩)
☐ 대파 1대 ······························· ₩2,780 (1봉)

양념·소스·기타 재료

☐ 다진 마늘 1큰술, 쌈장 1큰술, 고춧가루 1큰술, 물 500㎖

총 ₩6,390~

저는 고기 먹은 다음 날이 진짜 요리 실력을 뽐낼 수 있는 최고의 타이밍이라고 생각합니다.

파채와 마늘 같은 채소, 그리고 약간의 고기가 남기 때문이죠. 구워 먹자니 고기가 모자라고, 그렇다고 채소만 따로 먹을 수도 없는 노릇이니 이걸로 뭘 만들면 좋을까요? 당연히 쌈장라면이죠!

삼겹살 기름에 파채를 넣고 볶은 다음 잠시 식혀 두었다가 쌈장을 넣은 라면 국물에 살짝 적셔 먹으면 색다른 맛을 경험하게 될 거예요. 국물에 달콤 짭조름한 쌈장을 풀었기 때문에 라면 수프를 전부 넣으면 너무 짤 수 있어요. 저는 라면 수프를 절반 정도만 넣는 것을 추천합니다.

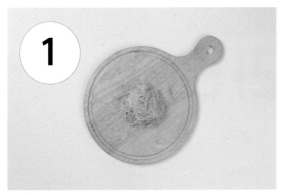

대파를 얇게 썰어 파채를 만든다.

삼겹살을 노릇하게 구워 준비한다.

삼겹살을 구우며 나온 기름에 파채를 넣고 볶는다. 고명으로
쓸 파채는 따로 남겨두세요.

냄비에 다진 마늘 1큰술, 고춧가루 1큰술, 쌈장 1큰술을
넣고 약한 불에서 살짝 볶는다. 타지 않게 불을 조절하는 것이 중요합
니다.

④에 물 500㎖를 붓고 라면 수프를 반만 넣어 끓인다.

물이 끓어오르면 라면 면과 플레이크를 넣고 면이 익을 때
까지 더 끓인다.

완성된 라면에 ②의 구워둔 삼겹살과 ①의 고명용 파채를 올려 완성한다.

간장버터파스타

난이도   소요 시간
하   11분 38초

receipt

Soy Sauce Butter Pasta

주재료

☑ 파스타 면 100g ·············· ₩2,220(500g짜리 1봉)
☐ 마늘 5쪽 ····················· ₩2,980(150g짜리 1봉)
☐ 청양고추 2.7개 ·············· ₩2,480(100g짜리 1봉)

양념·소스·기타 재료

☐ 버터 50g, 간장 3큰술, 설탕 2큰술, 물엿 1큰술, 후춧가루 1
작은술, 식용유 약간, 다진 마늘 1큰술, 물 1L

총 ₩7,680~

이번에는 매우 한국적인 파스타를 한번 만들어볼까요? 제목에서부터 딱 느낌이 오죠? 간장을 베이스로 해 설탕과 물엿을 넣으면 달큰하고 짭조름한 소스가 완성됩니다. 그야말로 '단짠단짠'의 극치를 보여주는 맛이 나는 거예요.

여기에 매콤한 맛이 빠지면 섭섭하잖아요? 재빨리 냉장고에서 고추를 꺼내 송송 썰어 넣어봅시다. 단짠단짠이 지나갈 때 매콤한 맛이 톡 치고 올라와 입안 가득 큰 기쁨을 줄 거예요. 이때 넣을 고추는 베트남 고추나 이탈리아 고추(페페론치노)보다 한국의 청양고추를 추천합니다. 청양고추는 외국 고추에 비해 매운맛은 상대적으로 덜하지만 매운맛이 적당한 타이밍에 딱 끊어지는 장점이 있어요. 입안에서 매운맛이 사라질 때쯤 다시 면을 흡입해 단짠단짠을 느끼는 것이 간장버터파스타의 묘미입니다.

끓는 물 1L에 파스타 면 100g을 넣고 8분간 익혀 알덴테로 만든다. 간장의 짠맛이 강해 면수에 소금 간을 하지 않아도 괜찮습니다. 끓이고 남은 면수는 버리지 마세요.

마늘은 편 썰기, 청양고추는 어슷썰기 한다.

볼에 간장 3큰술, 설탕 2큰술, 물엿 1큰술, 후춧가루 1작은술을 섞어 간장소스를 만든다.

팬에 식용유를 두르고 다진 마늘 1큰술과 ②의 마늘을 넣어 중약불에서 볶는다.

④에 삶은 파스타 면을 넣고 기름에 코팅하듯 볶는다.

③의 간장소스와 청양고추, 버터를 넣고 더 볶는다. 소스는
간을 보면서 취향껏 넣으세요.

면수를 1~2국자 넣고 조리듯 볶는다.

면이 소스를 충분히 머금고 꾸덕해지면 그릇에 담아 완성
한다.

김치말이국수

난이도
하

소요 시간
조리 8분

receipt

Kimchi Noodles

주재료

- ☑ 소면 100g ································· ₩1,190
- ☐ 냉면 육수 1팩(330㎖) ··············· ₩1,110
- ☐ 다진 김치 3큰술 ············· ₩2,620(160g짜리 1캔)
- ☐ 오이 ⅕개 ··················· ₩2,780(2개입 1봉)

양념·소스·기타 재료

- ☐ 김칫국물 2큰술, 설탕 1큰술, 통깨 2큰술, 참기름 2큰술, 얼음 약간

총 ₩7,700~

김치말이국수는 정말 많이 먹어본 요리일 겁니다. 하지만 직접 만들어본 적은 별로 없을 거예요. 한번만 만들어보세요. 생각보다 쉬워서 라면처럼 자주 먹게 될 수도 있어요.

맛있는 김치말이국수의 비결은 쫄깃하게 삶은 소면과 김칫국물이에요. 소면을 삶을 때 보글보글 끓기 시작하면 중간중간 찬물을 살짝 넣어 찰기를 더해주세요.

국물은 시판용 육수에 김칫국물을 적당히 섞어 입맛에 맞는 농도를 찾으세요. 이때 설탕을 조금씩 넣으면서 간을 보세요. 제일 마지막에 넣는 조미료를 몇 번에 나눠 넣는 습관을 들이면 요리에 성공할 확률이 쭉쭉 올라갑니다. 그리고 김치 다대기에는 통깨를 꼭 갈아서 넣어보세요. 극강의 고소함을 느낄 수 있습니다!

끓는 물에 소면을 삶는다. 물이 끓어 넘치려 할 때 찬물을 넣어주세요 두 번
정도 반복하다 보면 면이 다 익을 거예요.

다진 김치 3큰술에 참기름 2큰술, 통깨 2큰술을 섞어 김
치 다대기를 만든다. 통깨를 부수어 섞으면 더 고소합니다.

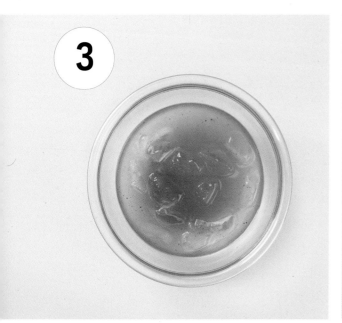

냉면 육수에 설탕 1큰술과 김칫국물 2큰술을 넣어 섞은 후
얼음을 넣는다. 시간적 여유가 있는 분들은 김치 냉장고에 보관해주세요. 그럼
살얼음 낀 육수가 됩니다.

고명으로 사용할 오이를 채 썬다.

5

그릇에 삶은 소면을 말아 담고 ③을 부은 후 김치 다대기와 오이 고명을 올려 완성한다.

홍콩식 토마토라면

난이도
하

소요 시간
8분

receipt

Tomato Ramen

주재료

☑ 신라면 1봉 ···································· ₩730
☐ 방울토마토 10개 ············· ₩1,980(500g짜리 1팩)
☐ 양파 ½개 ························· ₩3,580(37개입 1팩)
☐ 대파 ½대 ···························· ₩2,780(1봉)

양념·소스·기타 재료

☐ 식초 1큰술, 다진 마늘 1큰술, 물 500㎖

총 ₩9,070~

새콤달콤한 맛과 톡톡 터지는 식감이 매력적인 토마토! 토마토를 더 매력적으로 만드는 방법이 있습니다. 바로 토마토와 라면을 함께 조리하는 것인데요.

토마토와 라면의 조합이 조금 생소하게 느껴질 수도 있겠지만 실제로 홍콩에서는 아주 인기 있는 메뉴라고 해요.

특히 토마토의 상큼한 신맛과 양파의 단맛이 어우러진 국물은 중독성이 매우 강합니다. 술 마신 다음 날 먹으면 숟가락을 내려놓을 수 없을 거예요. 면이 거의 다 익었을 때 식초를 한 숟갈 넣어보세요. 단번에 라면의 풍미가 한층 업그레이드되는 것을 느낄 수 있습니다.

1

방울토마토는 반으로 자르고 양파는 채 썰고, 대파는 송송
썰어 준비한다.

2

냄비에 물 500㎖를 붓고 ①의 토마토, 양파, 대파를 넣어
중약불에서 끓인다. 토마토가 물러질 때까지 끓여주세요.

3

②에 라면 분말 수프와 플레이크, 다진 마늘 1큰술을 넣고
면을 넣는다.

4

면이 80% 정도 익었을 때 식초 1큰술을 넣고 더 끓인다.

5

면이 다 익으면 그릇에 담아 완성한다.

쿠지라이식 라면

난이도
중하

소요 시간
6분 43초

Kujirai's Ramen

주재료

- ☑ 신라면 1봉 ·················· ₩730
- ☐ 달걀 1개 ·················· ₩3,080 (6개입 1팩)
- ☐ 쪽파 1대 ·················· ₩2,400 (50g짜리 1봉)
- ☐ 체다 치즈 1장 ·················· ₩3,700 (200g짜리 1봉)

양념·소스·기타 재료

- ☐ 물 350㎖

※ 정확한 시간과 물 양이 중요해요!

총 ₩9,910~

그럴 때 있지 않아요? 라면 끓이다 갑자기 먹기 싫어질 때? 이 멘트가 익숙한가요? 그렇다면 당신은 진정한 '요친'이에요. 쿠지라이식 라면은 요리용디 SNS 채널에서 총 1,500만 회의 조회 수를 기록한 흥행 레시피예요.

쿠지라이식 라면은 일종의 라볶이인데, 놀랍게도 어느 만화가가 만화에 등장시킨 레시피입니다. 어느 용감한 사람이 만화 속 레시피를 실제로 시도해보고 그 맛에 반해 세상에 퍼뜨린 거라고 해요. 이미 따라 해본 사람들의 댓글을 보면 만들기 아주 쉬운 것은 물론, 맛의 만족도까지 매우 높다는 의견이 대부분입니다. 냄비도 필요 없어요. 프라이팬 하나만 있으면 누구나 만들 수 있는 요리니까 지금 당장 도전하세요!

1

팬에 물 350㎖를 넣고 끓인다.

2

물이 끓으면 라면 면과 플레이크를 넣고 끓인다. 면을 풀지말고
넣은 상태 그대로 끓는 물에 적시듯 끓여주세요.

3

10초 후 면을 뒤집고 라면 수프를 반만 넣어 끓인다. 면을 뒤적이
지말고 그대로 뒤집어야 합니다. 끓는 물에 면의 반대쪽을 적시기 위함입니다.

4

이후 2분 40초간 면을 풀어주며 끓이다 달걀 1개를 팬
가운데에 깨뜨려 넣는다.

1분 더 끓인 후 체다 치즈 1장을 반으로 잘라 라면 위에 얹는다. 뚜껑을 덮고 치즈가 녹으면 송송 썬 쪽파를 뿌려 완성한다.

프렌치토스트

난이도
하

소요 시간
3분 30초

French Toast

주재료

☑ 식빵 2장 ·················· ₩2,480 (400g짜리 1봉)
☐ 달걀 2개 ·················· ₩3,080 (6개입 1팩)
☐ 우유 80㎖ ················· ₩880 (200㎖짜리 1팩)

양념·소스·기타 재료

☐ 설탕 2작은술, 소금 1작은술, 시나몬가루 ½작은술, 버터
10g

총 ₩6,440~

우리나라에서는 찬밥이 남으면 냉장 보관했다가 다음 날 볶음밥을 만들죠? 서양에서는 빵이 남아 딱딱해지면 우유와 달걀에 적셔 프렌치토스트를 만든답니다.

찬밥으로 볶음밥을 만들면 더 고슬고슬한 것처럼 토스트도 식빵의 수분이 적당히 날아갔을 때 더 맛있는 프렌치토스트로 되살아나요. 마른 빵이 우유를 흠뻑 빨아들이기 때문이죠.

맛있게 먹고 남은 식빵을 냉동실에 보관해놓았다면 이제는 자신 있게 꺼내 프렌치토스트를 만드세요. 식빵을 달걀물에 적실 때 너무 오랜 시간 담가놓으면 축축한 토스트를 먹게 됩니다. 신속하게 앞뒤로 가볍게 적신 후 꺼내세요. 설탕이나 슈거파우더 대신 과일잼이나 메이플 시럽을 뿌려 먹어도 좋습니다.

1

볼에 달걀 2개를 풀고 설탕 2작은술, 소금 1작은술을 넣어 달걀물을 만든다.

2

①에 우유 80㎖를 넣고 시나몬가루 ½작은술을 넣어 잘 젓는다. 시나몬가루가 없으면 넣지 않아도 괜찮습니다.

3

팬에 버터를 녹인 후 식빵을 ②에 충분히 적셔 올린 다음 약한 불에서 굽는다. 식빵 면 전체를 달걀물에 적셔야 부드러운 프렌치토스트가 완성됩니다.

4

식빵이 노릇해지면 접시에 담아 완성한다. 기호에 따라 슈거파우더나 설탕을 뿌려 드세요.

식빵누네띠네

난이도
하

소요 시간
17분

receipt

Nuneddine

주재료

- ☑ 식빵 4장 ·················· ₩2,480(400g짜리 1봉)
- ☐ 달걀흰자 ½개분 ·················· ₩3,080(6개입 1팩)
- ☐ 슈거파우더 70g ·················· ₩1,280(100g짜리 1봉)
- ☐ 딸기잼 5큰술 ·················· ₩2,880(450g짜리 1병)

※ 일째 보관해주세요. 여름철에는 머랭이 녹을 수 있으니 주의!

총 ₩9,720~

누네띠네로 불리는 이 과자는 원래 이탈리아에서 탄생했습니다. 정식 명칭은 '스폴리아티네 글라사테'라고 해요. 퍼프 페이스트리 위에 머랭을 바르고 살구잼으로 선을 그려 구워내면 우리가 아는 그 과자 모양을 띱니다.

한 입 깨물면 머랭이 바사삭 부숴지며 달달한 맛이 입안에 퍼지는데, 절대 1개로는 만족할 수 없습니다. 그런 누네띠네를 먹고 싶은 만큼 먹을 수 있도록 식빵으로 간단하게 만드는 법을 소개할게요.

슈거파우더와 달걀흰자로 만든 머랭(또는 아이싱)을 얼마큼 올리느냐에 따라 맛과 식감이 달라집니다. 머랭을 두툼하게 올리면 쫀득쫀득 부드러운 누네띠네를 즐길 수 있고, 얇고 고르게 올리면 바삭한 머랭과 함께 부드러운 식빵도 느낄 수 있습니다.

1

딸기잼을 체에 거른 후 짤주머니에 담는다. 딸기잼을 체에 걸러 입자를 고르게 해야 고른 격자무늬를 만들 수 있습니다. 짤주머니가 없다면 지퍼 백이나 비닐봉지를 이용하세요.

2

슈거파우더 70g, 달걀흰자 ½개분을 넣고 섞어 아이싱을 만든다.

3

식빵 가장자리를 자른 후 밀대로 얇게 편다. 밀대가 없을 경우 유리병을 이용해주세요.

4

식빵 1장의 한쪽 면에 딸기잼을 바른다.

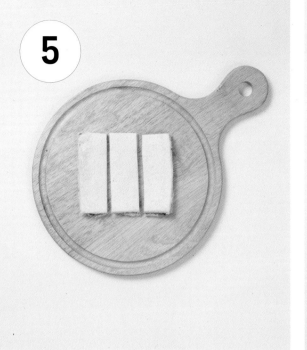

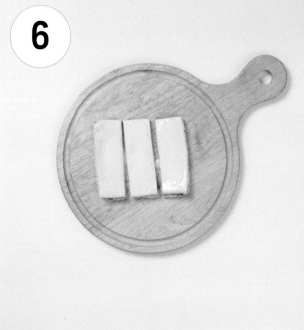

④를 다른 식빵 1장으로 덮은 후 3등분한다. 남은 식빵 2장도 동
일한 과정으로 잼을 바른 후 덮어 3등분합니다.

②의 아이싱을 ⑤ 윗면에 펴 바른다. 얇게 바르면 바삭해지고, 두껍
게 바르면 부드러워집니다. 취향에 맞게 조절하세요.

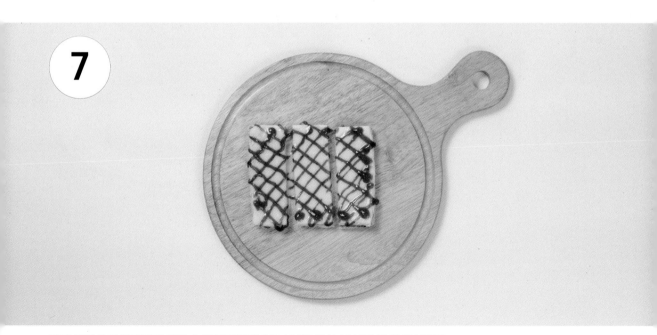

격자 모양으로 딸기잼을 뿌린 후 에어프라이기로 160℃에서 10분간 구워 완성한다. 손에 아이싱이 묻어 나오지 않으면 완성입니다.

딸기잼 외에 살구잼이나 블루베리잼 등 다양한 잼으로 바꾸어도 됩니다.

삼색푸딩

난이도
상

소요 시간
조리 8분 30초

receipt

Tricolor Pudding

재료

- ☑ 바나나 우유 1개(240㎖) ·················· ₩1,500
- ☐ 달걀 2개 ····················· ₩3,080(6개입 1팩)

양념·소스·기타 재료

- ☐ 설탕 1큰술+1큰술+2큰술, 물 1큰술+1큰술

✗ 가장 맛있을 때는 냉장고에서 시원하게 굳은 직후입니다!

총 ₩4,580~

푸딩이야말로 디저트의 꽃이라고 할 수 있죠. 그런 푸딩을 10분 만에 손쉽게 만들 수 있으면 얼마나 좋을까요?

그래서 푸딩을 쉽게 만드는 법을 연구하게 되었습니다. 오직 전자레인지를 이용해서요!

제일 첫 단계에서 하얀 설탕을 전자레인지에 돌려 갈색 시럽으로 만들 거예요. 집집마다 전자레인지 용량이 다르기 때문에 몇 초를 돌려야 색이 나오는지는 직접 만들면서 확인해야 합니다. 요령은 한꺼번에 오래 돌리는 게 아니라 30초~1분 단위로 나눠서 돌려보는 거예요. 마지막 단계에서는 좀 더 세심한 주의가 필요해요. 5초만 더 오버해서 익혀도 말캉말캉했던 푸딩이 달걀찜처럼 부풀어버릴 수 있으니 조리할 때 집중하세요! 조리가 끝난 머그컵은 매우 뜨거우니 맨손으로 잡지 말고 반드시 장갑을 끼고 꺼내세요.

전자레인지용 머그컵에 설탕 1큰술, 물 1큰술을 넣고 섞는다. 동일한 분량으로 1잔 더 준비한다.

각각 전자레인지로 1분, 1분, 30초씩 나누어 돌려 갈색 시럽이 되도록 한다. 내용물이 소량이라 쉽게 탈 수 있으니, 시간을 나누어 돌리고, 중간중간 전자레인지를 열어 색을 확인합니다. 색이 나지 않는다면 30초 단위로 추가해 더 돌립니다. 두 머그컵을 같이 넣고 돌려도 되지만, 그럴 경우 하나씩 돌릴 때보다 돌리는 시간을 더 길게 해야 합니다.

볼에 달걀 2개를 곱게 풀어 달걀물을 만들고 설탕 2큰술, 바나나우유 1개를 넣고 섞는다.

4

③을 고운체에 걸러 푸딩액을 만든 후 ②의 두 머그컵에 반 씩 나누어 붓는다. 시럽이 담긴 머그컵이 충분히 식은 후에 부어주세요.

5

각각의 머그컵을 전자레인지로 1분, 15초, 15초, 10초, 10초, 10초씩 끊어서 돌린다. 한 번에 오래 돌리면 달걀찜처럼 입자가 커지기 때문에 추가적으로 익혀야 된다면 10초 단위로 나누어 돌려야 합니다.

6

푸딩이 익으면 냉장고에서 식힌 후 접시에 담아 완성한다. 바나나우유 대신 초코우유나 딸기우유를 넣어보세요. 다양한 색의 푸딩을 즐길 수 있습니다.

단짠단짠윙

난이도
하

소요 시간
12분 20초

---

receipt

Chicken Wing

주재료

- ☑ 윙 10개 ·················· ₩4,886 (400g짜리 1팩)
- ☐ 튀김가루 2큰술 ·············· ₩2,180 (500g짜리 1봉)
- ☐ 견과류 약간 ················ ₩1,200 (30g짜리 1봉)

양념·소스·기타 재료

- ☐ 간장 2큰술, 설탕 2큰술, 물엿 2큰술, 맛술 2큰술, 식용유 약간, 물 2큰술

총 ₩8,266~

살다 보면 급박하게 치킨이 필요할 때가 있죠. 예를 들어 한일전 축구 경기를 생중계로 봐야 할 때 말이에요. 물론 배달 앱으로 시켜 먹으면 되겠지만 그런 날엔 배달이 1시간도 넘게 걸립니다. 그럴 때에 대비해 직접 만들어 먹을 수 있는 초간단 치킨윙을 소개할게요.

치킨윙은 닭 다리나 가슴살에 비해 상대적으로 얇기 때문에 팬으로 익혀도 잘 익습니다. 즉 치킨을 튀길 때처럼 식용유를 콸콸 붓고 조리하지 않아도 된다는 거예요. 여기에 간장과 설탕으로 간단하게 맛을 낸 소스를 바르면 배달 치킨 부럽지 않은 단짠단짠 향이 납니다. 땅콩, 호두, 아몬드 같은 견과류까지 조금 다져 넣으면 바삭한 치킨에 재밌는 식감을 더해줄 수 있어요. 물론 견과류가 없으면 넣지 않아도 무방합니다.

비닐봉지에 튀김가루 2큰술과 윙 10개를 넣고 흔들어 섞는다.

팬에 식용유를 넉넉하게 두르고 ①의 윙을 올려 약한 불에서 10분간 노릇하게 굽는다.

간장 2큰술, 설탕 2큰술, 물엿 2큰술, 맛술 2큰술, 물 2큰술을 섞어 간장소스를 만든다.

4

견과류를 다진다.

5

②의 윙이 익으면 팬의 기름을 키친타월로 닦아낸 후 ③을
넣어 중약불에서 조린다. 윙 윗부분에 수저로 소스를 끼얹어주면 더욱
윤기 있는 윙을 완성할 수 있습니다.

6

부순 견과류를 윙 위에 올려 완성한다.

PART 2

1만 5천 원으로 차리는 근사한 외식

토마토그라탱

난이도
하

소요 시간
4분 49초

Receipt

Tomato Gratin

주재료

- ☑ 즉석밥 1개 ·················· ₩1,080
- ☐ 토마토소스 160g ·········· ₩3,180(600g짜리 1병)
- ☐ 옥수수콘 50g ·············· ₩1,980(340g짜리 1캔)
- ☐ 모차렐라 치즈 70g ········· ₩4,980(240g짜리 1봉)

양념·소스·기타 재료

- ☐ 바질가루 1큰술, 후춧가루 1 작은술

총 ₩11,220~

바쁘고 귀찮고 아무것도 하기 싫을 때 딱 좋은 토마토그라탱!

그라탱이라고 하니까 뭔가 고급스러운 음식인 것 같지만 걱정하지 마세요. 만들기는 매우 쉬우니까요. 필요한 건 그릇 하나와 전자레인지뿐! 설거지거리를 최소화할 수 있다는 것이 이 요리의 가장 큰 장점이에요.

본문에는 옥수수 통조림을 사용했지만 옥수수 대신 생선, 고기, 달걀 등 어떤 재료를 사용해도 괜찮아요. 토마토소스 대신 크림소스를 넣어도 되고요. 중요한 건 다양한 시도를 통해 내 입맛에 딱 맞는 레시피를 찾는 거라고요.

데우지 않은 즉석밥 1개에 토마토소스 160g, 옥수수콘 50g, 바질가루 1큰술, 후춧가루 1작은술을 넣고 섞는다.

전자레인지용 그릇에 ①을 옮겨 담은 후 윗면에 모차렐라 치즈를 소복하게 뿌린다.

3

전자레인지에 넣어 3분간 돌려 완성한다.

쌈장법사삼겹김밥

난이도
중

소요 시간
9분 44초

Receipt

Ssamjang Pork Belly Gimbap

주재료

- ☑ 즉석밥 1개 ·················· ₩1,080
- ◯ 삼겹살 1줄(100g) ········· ₩2,880 (100g짜리 1팩)
- ◯ 김밥용 김 1장 ············· ₩1,680 (1봉)
- ◯ 파 1대 ························ ₩2,780 (1봉)
- ◯ 깻잎 3장 ····················· ₩1,680 (30g짜리 1봉)
- ◯ 고추 2개 ····················· ₩1,980 (1봉)

양념·소스·기타 재료

- ◯ 참기름 ½큰술 + 약간, 통깨 약간, 쌈장 2큰술

총 ₩12,080~

삼겹김밥은 삼겹살과 볶음밥을 동시에 먹는 것과 같아 가성비가 최고인 요리입니다.

한 입에 쏙 넣고 씹으면 입안 가득 삼겹살 기름이 쫙 퍼져나가는 동시에 알싸한 고추와 신선한 깻잎의 향이 느끼함을 잡아줍니다. 그렇게 한 입 와구와구 씹어 넘기면 은은한 쌈장 맛이 입안에 감돌아 계속 먹게 되는 마성의 음식이죠.

삼겹살 먹은 다음 날 고기 한 줄과 쌈 채소가 조금 남았을 때 만들어 먹으면 딱 좋습니다. 그런데 의외로 파채가 손이 꽤 많이 갑니다. 요리 초보는 일정한 굵기로 파채를 써는 것이 몹시 힘들 수 있습니다. 그럴 땐 너무 고민하지 말고 마트에서 손질된 파채를 사다 쓰는 것도 방법이에요. 내 손으로 모든 재료를 손질하는 것도 좋지만 그러다가 너무 스트레스받으면 요리에 흥미를 잃을 수도 있습니다. 그러니 적당한 선에서 타협해 보다 쉬운 방법을 선택하세요. 중요한 건 즐겁게 요리해서 맛있게 먹는 거니까요.

삼겹살을 자르지 않고 통째로 굽는다.

파를 얇게 썰어 파채를 만든다. 시중에 파는 파채로 대체 가능합니다.

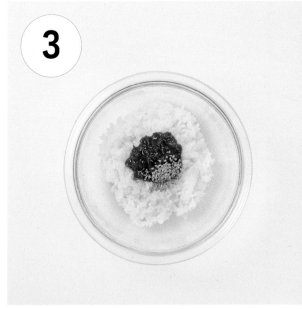

즉석밥 1개를 데운 후 볼에 밥과 쌈장 2큰술, 참기름 ½
큰술, 통깨 약간을 넣고 섞는다.

김발 위에 김을 깔고 ③을 고루 편다.

밥 위에 깻잎을 깔고 구운 삼겹살과 파채, 고추를 올린 뒤
김발을 이용해 김밥을 만다.

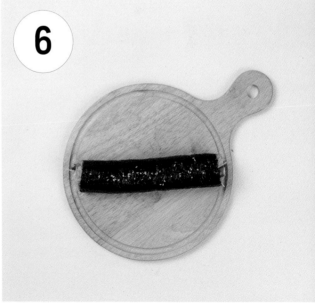

통김밥에 참기름을 약간 바른 후 통깨를 뿌린 다음 칼날에
참기름을 약간 발라 한 입 크기로 잘라 완성한다.

부타동

난이도
중

소요 시간
8분 14초

Receipt

Butadon

주재료

- ☑ 즉석밥 1개 ······················· ₩1,080
- ☐ 돼지고기 200g ··················· ₩6,400
- ☐ 쪽파 1대 ····················· ₩2,400 (50g짜리 1봉)
- ☐ 달걀노른자 1개분 ············· ₩3,080 (6개입 1팩)

양념·소스·기타 재료

- ☐ 통깨 약간, 다진 마늘 ½큰술, 간장 3큰술, 설탕 3큰술, 맛술 1큰술, 후춧가루 약간, 식용유 약간

총 ₩12,960~

일본식 돼지고기덮밥인 부타동은 난이도가 조금 높습니다. 돼지고기를 밑간해야 하거든요. 고기를 양념해보는 게 처음이라면 매우 낯설게 느껴질 수도 있습니다. 혹시 이쯤에서 포기하고 배달 앱을 켰나요? 당장 스마트폰을 내려놓으세요. 이 책을 읽으며 다양한 요리에 도전한 당신은 반드시 할 수 있습니다.

여기 소개한 돼지고기 양념은 간장을 베이스로 한 기본 양념이에요. 간장의 짠맛과 설탕의 단맛이 만나면 결코 실패하지 않는 단짠 조합이 탄생합니다. 고기 양념만 잘 맞추면 나머지는 다른 덮밥과 거의 똑같아요. 팬 위에 올린 양념 돼지고기가 점점 진한 빛깔을 띠는 순간 여러분의 요리 스킬은 한 단계 올라가는 겁니다.

부타동을 완성했다면 밥에 고기 양념을 비빔밥처럼 슥슥 비비지 말고 밥 한 숟가락 위에 고기 한 점 올려 먹어보세요. 그렇게 해야 진짜 부타동 맛을 즐길 수 있습니다.

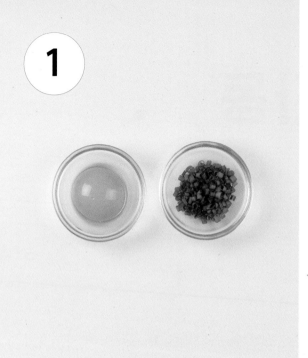

쪽파는 송송 썰고 달걀은 노른자를 분리해 준비한다.

돼지고기를 한 입 크기로 썬다.

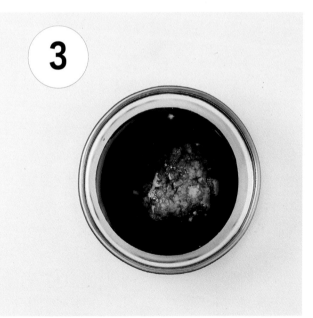

볼에 간장 3큰술, 설탕 3큰술, 맛술 1큰술, 다진 마늘 ½큰술, 후춧가루 약간을 넣어 고기 양념을 만든다.

③에 ②를 넣어 골고루 버무린다.

팬에 식용유를 약간 두르고 ④를 올려 중약불에서 고기가
양념을 흡수할 때까지 익힌다. 고기로 팬을 닦듯 이리저리 움직여주면
양념이 더 잘 붙습니다.

즉석밥 1개를 데운 후 그릇에 넣고 잘 익은 고기를 밥 위에
얹는다.

①의 쪽파를 뿌린 후 가운데에 노른자를 올리고 통깨를 뿌려 완성한다.

recipe 23

한라산 볶음밥

난이도
중

소요 시간
14분 33초

Receipt

Hallasan Fried Rice

주재료

- ☑ 즉석밥 1개 ······················ ₩1,080
- ☐ 김치 50g ····················· ₩2,620(160g 1캔)
- ☐ 대파 ⅛대(25g) ··············· ₩2,780(1봉)
- ☐ 달걀 2개 ······················ ₩3,080(6개입 1팩)
- ☐ 모차렐라 치즈 20g ··········· ₩4,980(240g 1봉)

양념·소스·기타 재료

- ☐ 김가루 2줌, 고춧가루 1큰술, 간장 1큰술, 설탕 1큰술, 굴소스
  ½큰술, 참기름 1큰술, 식용유 약간

총 ₩14,540~

제주도 우도에서 처음 만들었다는 전설의 볶음밥이죠. 밥을 한라산 모양으로 쌓아놓고 와구와구 퍼먹을 때의 희열이 굉장한 요리입니다.

보글보글 아름다운 노란 달걀치즈 용암을 만들기 위해서는 재료의 온도가 중요합니다. 달걀과 치즈를 냉장고에서 꺼내자마자 조리하지 말고 10분 정도 미리 상온에 두었다가 미지근해지면 조리하세요. 그렇게 해도 치즈가 잘 안 녹을 때가 있어요. 그렇다고 불을 확 올리면 치즈 밑바닥이 까맣게 타버리니 주의하세요! 끝까지 잔잔한 불로 녹이는 것이 좋습니다.

요리 초보에서 벗어나려면 재료를 미리 준비해두는 습관과 불 조절, 그리고 약간의 기다림은 필수입니다. 하지만 배고픔을 참을 수 없다면 그냥 빨리 만들어서 와구와구 먹어도 괜찮아요. 어차피 내가 다 먹을 거니까!

달걀 2개를 푼 달걀물에 모차렐라 치즈 20g을 섞어 치즈 달걀물을 만든다.

대파를 송송 썬다.

팬에 식용유를 두르고 약한 불에서 대파를 볶아 파기름을 낸다.

③에 김치 50g, 간장 1큰술, 설탕 1큰술, 고춧가루 1큰술, 굴소스 ½큰술을 넣고 볶는다.

5

④에 데우지 않은 즉석밥 1개를 넣고 주걱으로 누르면서 볶는다.

6

김치와 밥이 고르게 섞였으면 김가루 2줌, 참기름 1큰술
을 넣고 볶아 산 모양을 만든다. 산 정상부터 바닥까지 치즈달걀물이
흐를 수 있도록 길을 미리 만들어주세요.

7

치즈달걀물을 붓고 뚜껑을 덮어 치즈가 녹을 때까지 약한
불로 익혀 완성한다. 미리 만들어둔 길을 따라 치즈달걀물을 부으면 화
산이 폭발한 듯한 상태가 됩니다.

스팸마요덮밥

난이도
하

소요 시간
13분 10초

Receipt

Spam Mayo with Rice

주재료

- ☑ 즉석밥 1개 ······························ ₩1,080
- ☐ 스팸 1캔(200g) ······················ ₩4,780
- ☐ 양파 ½개 ······················ ₩3,580(3개입 1팩)
- ☐ 쪽파 1대 ················ ₩2,400(50g짜리 1봉)
- ☐ 달걀 2개 ······················ ₩3,080(6개입 1팩)

양념·소스·기타 재료

- ☐ 간장 2큰술, 설탕 2큰술, 물 2큰술, 마요네즈 1큰술, 식용유 약간

총 ₩14,920~

스팸은 바삭하게 구워 쌀밥에 올려 먹기만 해도 충분한, 그야말로 '혼밥러'들의 솔 푸드 예요. 그런 스팸을 덮밥으로 한 단계 업그레이드해볼게요.

스팸마요는 매우 쉬운 요리지만 스팸의 크기를 결정하는 과정은 신중해야 합니다. 밥이랑 같이 와구와구 먹었을 때 입안에서 씹히는 스팸이 너무 크다면 짠맛이 강해 부담스러울 거예요. 반대로 스팸이 너무 작다면 덮밥이라기보다는 밥을 볶지 않은 볶음밥 같아 아쉬움이 남을 겁니다. 요리용디가 추천하는 적당한 크기는 손가락 한 마디 크기입니다.

밥알과 달걀과 스팸. 이 재료들이 입안에서 둠칫둠칫 춤을 추며 각자 자기만의 맛을 뽐낼 때 먹는 사람도 같이 엉덩이 춤을 추게 되는 겁니다. 이렇게 식재료를 알맞은 크기로 다듬는 것만으로도 요리 실력이 크게 향상될 수 있습니다.

양파는 얇게 채 썰고 파는 송송 썬다. 스팸은 큐브 모양으로 잘라 준비한다. 스팸은 손가락 한 마디 크기로 자르면 됩니다.

달걀 2개를 풀어 달걀물을 만든 후 식용유를 약간 두른 팬에 올려 스크램블드에그를 만든다. 완성한 스크램블드에그는 접시에 덜어두세요.

팬에 식용유를 약간 두르고 중약불에서 스팸을 노릇하게 볶아 접시에 덜어둔다.

팬에 채 썬 양파와 간장 2큰술, 설탕 2큰술, 물 2큰술을 넣고 양파 색이 진한 갈색이 될 때까지 약한 불로 조리듯 볶는다.

즉석밥 1개를 데운 후 밥 위에 스크램블드에그, 볶은 양파, 스팸 순으로 올린다.

짤주머니에 마요네즈를 넣고 뿌린 후 ①의 썰어둔 쪽파를 고명으로 올려 완성한다.

냉라면

난이도 : 소요 시간
하 : 8분 30초

Receipt

Cold Noodles

주재료

- ✓ 신라면 1봉 ···························· ₩730
- ◯ 해물 믹스 100g ···················· ₩2,900
- ◯ 콩나물 100g ············· ₩1,880 (380g짜리 1봉)
- ◯ 청고추 ½개 ···················· ₩1,980 (1봉)
- ◯ 홍고추 ½개 ···················· ₩2,680 (1봉)

양념·소스·기타 재료

- ◯ 설탕 2큰술, 식초 2큰술, 간장 2큰술, 냉수 200㎖

총 ₩10,170~

라면은 언제 먹어도 정말 맛있죠? 하지만 라면조차 후룩후룩 넘어가지 않는 때가 있으니 그건 바로 너무 더울 때입니다. 하지만 걱정하지 마세요! 그럴 줄 알고 그럴 때에 대비한 라면을 준비했으니, 바로 냉라면입니다.

콩나물로 시원한 국물을 낸 다음 각종 해산물을 넣어 쫄깃한 식감을 더해주는 것이 냉라면의 포인트입니다. 면을 삶은 다음에는 재빨리 건져 찬물에 찰찰 헹구는 것을 잊지 마세요. 면이 쫄깃쫄깃해야 냉라면이 더 잘 넘어가니까요.

마지막에 만드는 냉라면 육수는 설탕, 식초, 간장의 비율을 기호에 맞게 조절하셔도 됩니다.

1

끓는 물에 콩나물을 넣고 1분간 삶는다. 뚜껑을 덮지 말고 열어두세요. 열고 닫기를 반복하면 콩나물 비린내가 날 수 있습니다.

2

①에 라면 면과 플레이크, 해물 믹스를 넣고 면이 충분히 익을 때까지 더 끓인다.

3

청고추와 홍고추를 어슷 썰어 준비한다.

②의 면이 충분히 익으면 불을 끄고 내용물을 체로 건져 찬 물에 헹군다.

볼에 ③의 고추와 분말스프, 설탕 2큰술, 식초 2큰술, 간장 2큰술, 냉수 200㎖를 넣고 섞어 육수를 만든다.

그릇에 면을 담고 육수를 부어 완성한다.

미소라면

난이도
하

소요 시간
12분 51초

Receipt

Miso Ramen

주재료

- ☑ 사리곰탕면 1봉 ·························· ₩940
- ☐ 숙주 100g ················· ₩2,570 (240g짜리 1봉)
- ☐ 쪽파 1대 ················· ₩2,400 (50g짜리 1봉)
- ☐ 반숙란 1개 ················· ₩1,980 (3개입 1팩)
- ☐ 두꺼운 베이컨 1줄 ·········· ₩2,780 (70g짜리 1팩)

양념·소스·기타 재료

- ☐ 된장 1큰술, 식용유 약간, 물 600㎖

총 ₩10,670~

자고로 라면 국물은 얼큰한 맛이 '국룰'이죠? 하지만 얼큰한 라면을 자주 먹다 보면 이따금 담백 짭조름한 미소라면 국물이 생각나기 마련입니다. 맞아요. 정통 일본 라멘집에서 먹던 그 미소라면을 직접 만들어보는 거예요.

미소 된장이 있다면 더욱 비슷하게 만들 수 있겠지만 시판 된장이나 엄마 집에서 가져온 집 된장으로도 충분합니다. 집 된장은 짠맛의 정도가 집집마다 다르기 때문에 간을 보면서 적당히 넣는 게 좋아요. 소금, 간장, 된장, 고추장 등으로 간할 때는 한꺼번에 다 넣지 말고 조금씩 넣으면서 간을 맞추는 것이 내 입맛에 딱 맞게 만드는 비결입니다.

쪽파는 송송 썰고 반숙란은 껍질을 까 반으로 자른다.

팬에 식용유를 약간 두르고 숙주를 넣어 강한 불로 1분
간 볶는다.

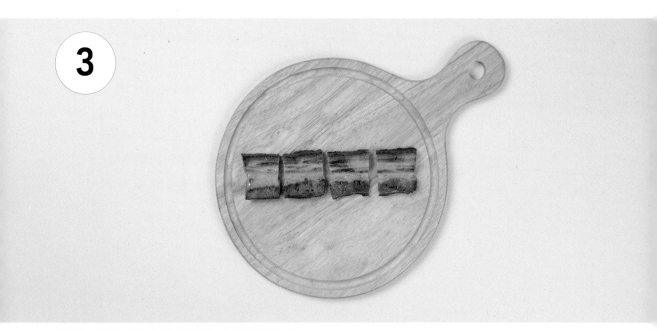

두꺼운 베이컨을 앞뒤로 구운 뒤 5㎝ 넓이로 자른다.

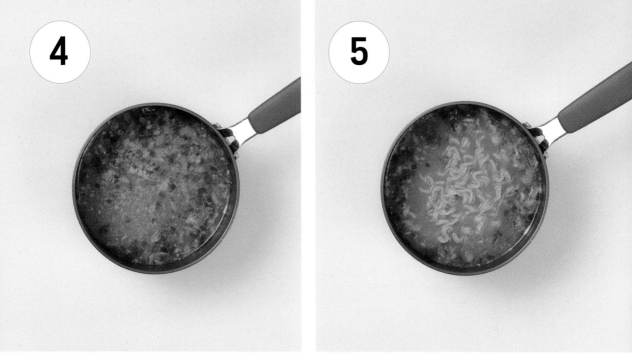

냄비에 물 600㎖를 넣고 끓이다 된장 1큰술, 라면 분말 수프, 플레이크를 넣고 끓인다.

④가 끓으면 라면 면을 넣고 기호에 맞게 익힌다.

그릇에 라면을 담고 구운 베이컨, 볶은 숙주, 쪽파, 반숙란을 고명으로 올려 완성한다.

나폴리탄파스타

난이도
하

소요 시간
11분 38초

Receipt

Napolitan Pasta

주재료

✓ 파스타 면 100g ·············· ₩2,220(500g짜리 1봉)

◯ 파란 파프리카 ½개 ·············· ₩2,784(1개)

◯ 소시지 2줄 ·············· ₩3,080(150g짜리 1팩)

◯ 마늘 4쪽 ·············· ₩2,980(150g짜리 1봉)

양념·소스·기타 재료

◯ 파르메산 치즈 약간, 케첩 3큰술, 굴소스 2큰술, 파슬리가루
약간, 소금 약간, 식용유 약간, 물 1L

총 ₩11,064~

나폴리탄이라고 하니까 꼭 이탈리아 나폴리에서 생겨난 파스타 같은 느낌이죠? 하지만 나폴리탄은 일본에서 만든 파스타 레시피라고 해요. 가장 큰 특징은 조리법이 쉽고 재료 또한 간단하다는 점입니다. 심지어 토마토소스도 필요 없어요. 토마토케첩으로 맛을 낼 거거든요.

이렇게 레시피가 간단할수록 면수의 역할이 중요합니다. 면수는 파스타 면을 삶은 물입니다. 면수에 소금 간을 얼마나 하느냐에 따라 파스타 맛이 크게 달라져요. 보통 이탈리아에서는 면수를 바닷물처럼 짜게 한다고 해요. 하지만 꼭 그렇게 할 필요는 없습니다. 파스타를 만들 때마다 맛을 보면서 내 입맛에 맞는 면수의 소금 농도를 찾아보도록 해요.

끓는 물 1L에 소금 약간과 파스타 면을 넣고 8분간 알덴테로 익힌다. 끓이고 남은 면수는 버리지 마세요.

파프리카는 씨를 제거해 채 썰고, 마늘은 편 썰고, 소시지는 어슷하게 썬다.

팬에 식용유를 두르고 마늘과 소시지, 파프리카를 넣어 중간 불에서 볶는다.

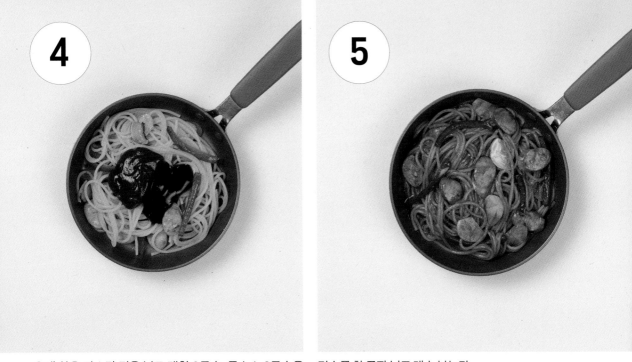

③에 삶은 파스타 면을 넣고 케첩 3큰술, 굴소스 2큰술을
넣고 볶는다.

면수를 한 국자 넣고 계속 볶는다.

면수의 90%가 졸아들면 그릇에 옮겨 담아 파르메산 치즈와 파슬리가루를 뿌려 완성한다.

명란파스타

난이도
중상

소요 시간
10분 48초

Receipt

Salted Pollack Roe Pasta

주재료

- ☑ 파스타 면 100g ·············· ₩2,220 (500g짜리 1봉)
- ☐ 명란젓 40g ·············· ₩6,780 (100g짜리 1팩)
- ☐ 쪽파 1대 ·············· ₩2,400 (50g짜리 1봉)

양념·소스·기타 재료

- ☐ 녹인 버터 30g, 물 1L

총 ₩11,400~

명란은 한 줄만 있어도 밥 한 공기를 뚝딱 하게 만드는 밥도둑이죠. 그런 담백하고 짭조름한 명란을 파스타에 넣는다면 어떻게 되겠어요? 그렇죠. 면 도둑이 됩니다.

명란파스타는 재료도 정말 간단해요. 명란, 파스타, 그리고 버터만 있으면 충분합니다.

제가 생각하는 이탈리아 요리의 특징은 원재료의 맛을 그대로 느낄 수 있도록 부재료나 조미료를 과하게 넣지 않는다는 거예요. 명란파스타도 이탈리아 파스타를 우리 식으로 재해석한 레시피인 만큼 파스타와 명란 고유의 맛을 느낄 수 있을 겁니다. 참고로 명란 알과 껍질을 분리할 때 꿀팁을 하나 드리자면 칼등으로 명란을 살살 긁어주면 껍질이 잘리지 않아 깔끔하게 분리된답니다.

끓는 물 1L에 파스타 면 100g을 넣고 8분간 알덴테로 익힌다. 명란의 짠맛이 강하므로 면수에 소금 간을 하지 않아도 괜찮습니다. 면수는 버리지 마세요.

쪽파를 송송 썬다.

명란젓을 반으로 가른 다음 칼등을 이용해 알과 껍질을 분리한다.

4

녹인 버터에 ③을 넣어 명란버터소스를 만든다.

5

팬에 삶은 파스타 면, ④의 소스를 넣고 약한 불에서 고르게 섞는다. 명란버터소스가 뭉칠 경우 면수 한 국자를 넣으면 쉽게 풀립니다.

6

소스가 걸쭉해지면 그릇에 파스타를 담은 후 쪽파를 뿌려 완성한다.

된장버터라면

난이도
중하

소요 시간
6분 30초

Receipt

Doenjang Butter Noodles

주재료

- ☑ 진짜장 1봉 ·························· ₩1,370
- ☐ 숙주 70g ·················· ₩2,570 (240g짜리 1봉)
- ☐ 청경채 2묶음 ·················· ₩2,980 (1봉)
- ☐ 달걀 1개 ·················· ₩3,080 (6개입 1팩)
- ☐ 옥수수콘 3큰술 ·················· ₩1,980 (340g짜리 1캔)

양념·소스·기타 재료

- ☐ 된장 1큰술, 고운 고춧가루 2큰술, 굴소스 ½작은술+½작은술, 식용유 4큰술+약간, 버터 50g, 물 300㎖

※ 공정이 많아 난이도가 있어요!

총 ₩11,980~

어디선가 이 라면을 보신 적이 있다고요? 그렇다면 만화영화 〈짱구는 못 말려〉를 보고 자란 세대로군요. 맞아요. 짱구 엄마가 만들었던 그 라면을 짜장 버전으로 만들어봤어요.

이 레시피에는 고추기름이 꼭 필요해요. 그런데 이거 한번 만들겠다고 고추기름을 구매하기는 부담스럽죠? 그래서 식용유와 고춧가루를 이용해 간단하게 만들 수 있는 방법을 알려드릴 테니 맘껏 활용해보세요. 마지막에 된장과 버터를 넣고 볶을 때 주의할 점이 있습니다. 강한 된장 향이 짜장 향을 덮어버리면 의도하지 않은 맛이 날 수 있어요. 따라서 된장은 1큰술 이상 넣지 않는 것을 추천합니다.

청경채는 꽁다리를 자르고 버터는 3등분한다.

냄비에 물 300㎖를 넣고 라면 면과 플레이크를 넣어 3분간 끓인다.

면이 익는 동안 전자레인지용 그릇에 식용유 4큰술과 고운 고춧가루 2큰술을 섞은 후 전자레인지에 넣고 30초간 돌린다. 그런 다음 체에 밭쳐 고추기름만 남긴다.

팬에 식용유를 두르고 반숙 달걀 프라이를 만들어 그릇에 담아놓는다.

5

팬에 ③의 고추기름을 반 정도 두르고 청경채와 굴소스 ½
작은술을 넣고 중간 불에서 볶아 그릇에 담아놓는다.

6

다시 팬에 남은 고추기름을 두르고 숙주와 굴소스 ½작은
술을 넣고 볶는다.

7

②의 면이 익으면 된장 1큰술, 버터 1조각, 짜장라면 소스
를 넣고 조린다.

8

그릇에 ⑦을 담고 볶은 숙주와 청경채, 달걀 프라이, 옥수
수콘, 버터 2조각을 고명으로 올려 완성한다. 고명의 양은 기호
에 따라 가감하세요.

땅콩버터라면

난이도
중하

소요 시간
6분 30초

Receipt

PeanutButter Noodles

주재료

- ☑ 진라면 1봉 ···················· ₩620
- ☐ 다진 돼지고기 200g ············ ₩2,360
- ☐ 대파 ½대 ···················· ₩2,780 (1봉)
- ☐ 땅콩버터 1큰술 ············· ₩6,980 (462g짜리 1통)

양념·소스·기타 재료

- ☐ 식용유 약간

총 ₩12,740~

땅콩버터는 식빵과 떨어질 수 없는 녀석이죠. 그런 땅콩버터를 라면에 넣으면 어떨까요? 놀랍게도 라면 국물에 극강의 고소함과 부드러움을 더해줍니다. 얼핏 중국식 라면인 탄탄면과 비슷한 맛을 내기도 하죠. 실제로 조리 과정이 탄탄면과 매우 흡사해요.

돼지고기가 들어가는 음식을 볶다 보면 기름이 나옵니다. 이 기름은 돼지의 지방이 녹아서 나오는 건데, 음식에 엄청난 풍미를 더해줍니다. 사실 우리가 느끼는 고기의 맛은 곧 지방의 맛이라고 해도 과언이 아니에요. 채소와 함께 볶은 돼지 기름을 잘 활용한다면 집에서 만든 라면 국물도 한층 더 깊은 맛을 낼 수 있습니다.

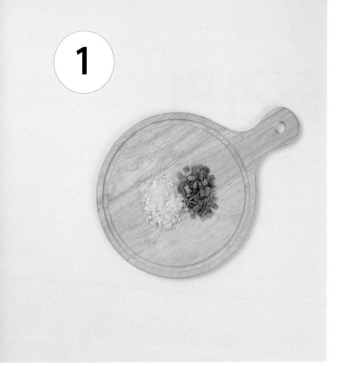

대파 흰 대와 초록색 부분을 나눠 다진다. 흰 대는 조리용, 초록색 부분은 고명용입니다.

끓는 물에 면을 삶는다. 다 끓이고 남은 면수는 버리지 마세요.

면이 익을 동안 팬에 식용유를 두르고 다진 대파(흰 대 부분), 다진 돼지고기를 넣어 중간 불에서 볶는다.

고기가 다 익으면 약한 불로 줄이고 라면 수프를 넣어 1분간 더 볶는다. 고명으로 사용할 고기는 따로 빼두세요 탈 수 있기 때문에 불 조절이 중요합니다.

④에 삶은 면과 면수 200㎖를 넣는다.

땅콩버터 1큰술을 넣고 조린다.

고명용 파(초록색 부분)와 고기를 올려 완성한다.

카레우동

난이도
하

소요 시간
11분 35초

Receipt

Curry Udon

주재료

☑ 우동면 ····················· ₩1,080(210g짜리 1팩)
◯ 양파 ½개 ····················· ₩3,580(3개입 1팩)
◯ 베이컨 3줄 ····················· ₩2,780(70g짜리 1팩)
◯ 쪽파 2줄 ····················· ₩2,400(50g짜리 1봉)
◯ 카레가루 3큰술 ············· ₩1,970(100g짜리 1봉)
◯ 우유 450㎖ ················· ₩1,650(500㎖짜리 1팩)

양념·소스·기타 재료

◯ 고춧가루 약간, 식용유 약간

총 ₩13,460~

쫄깃쫄깃 씹는 맛이 좋은 우동은 그냥 먹어
도 맛있죠. 그런 우동을 고소한 카레에 살살
비벼 먹는다고 상상해보세요. 절대 참을 수
없을 겁니다. 하지만 조리 시 주의 사항이 있
으니 집중하세요.

우유를 가열하면 크리미한 느낌이 극대화됩니다.
하지만 너무 강한 열을 가하면 하얀 막이 생길 수
있어요. 그래서 우유를 조리할 땐 중약불로 살살
데운다는 생각으로 가열하세요. 만약 불 조절에
실패해서 펄펄 끓는다 싶으면 찬 우유를 조금씩
부으면 됩니다.

카레가루는 시중에 나와 있는 어떤 것을 써도 무
방하지만 제품에 따라 매운 정도가 다양하니 입
맛에 맞는 것을 골라 쓰세요.

1

양파는 채 썰고 베이컨은 한 입 크기로 자른다.

2

고명으로 올릴 쪽파를 송송 썬다.

3

냄비에 식용유를 두르고 양파와 베이컨을 넣어 중간 불에서 볶는다.

양파와 베이컨이 노릇해지면 우유 450㎖를 넣고 카레가
루 3큰술을 넣어 푼다. 카레가루를 소량의 우유와 미리 섞어 꾸덕하게 만
든 후 부으면 끓으면서 알갱이가 뭉치는 걸 방지할 수 있습니다.

우유가 끓기 시작하면 뜨거운 물에 데쳐둔 우동 면을 넣고
끓인다.

그릇에 옮겨 담고 쪽파와 고춧가루를 뿌려 완성한다.

알리오올리오파스타

난이도
중상

소요 시간
12분

Receipt

Aglio Olio Pasta

주재료

- ☑ 파스타 면 100g ·············· ₩2,220 (500g짜리 1봉)
- ☐ 마늘 3쪽 ·················· ₩2,980 (150g짜리 1봉)
- ☐ 페페론치노 37개 ············ ₩5,180 (25g짜리 1봉)
- ☐ 이탈리언 파슬리 1줄 ·········· ₩3,680 (1봉)

양념·소스·기타 재료

- ☐ 식용유 5큰술, 소금 5g, 물 1L

총 ₩14,060~

오일 베이스 파스타의 기본인 알리오올리오는 어감이 참 재밌는 파스타예요.

이탈리아어로 '알리오'는 마늘, '올리오'는 오일로 글자 그대로 마늘과 오일만 있으면 할 수 있는 간단한 요리죠. 그런데 이탈리아 사람들은 마늘을 정말 조금만 넣는다고 해요. 파스타 1인분에 마늘은 2쪽이나 많아도 3쪽 정도만 쓴다는데, 그래 가지고 마늘 향을 느낄 수나 있겠어요? 우리 이탈리아 친구들 신경 쓰지 말고 그냥 내키는 만큼 팍팍 넣어요! 치즈도 팍팍 넣고!

외국 음식에 도전할 때 그들의 정통 레시피를 따라 해보는 것도 요리 실력 향상에 도움이 많이 됩니다. 그 음식의 원래 맛을 먼저 음미해보고 그걸 바탕으로 내 입맛에 맞게 레시피를 바꿔보는 거예요. 꾸덕한 알리오올리오 소스를 만들려면 조리 마지막 단계에서 '만테카레'라는 일종의 웍질을 통해 오일과 면수가 잘 섞이게 해야 해요. 요리용디의 알리오올리오 영상을 참고하세요!

냄비에 물 1L와 소금 5g을 넣고 파스타 면을 8분간 알덴테로 익힌다. 면수 농도는 0.5%로 맞췄습니다. 끓이고 남은 면수는 버리지 마세요.

면이 익는 동안 팬에 식용유 5큰술을 두르고 얇게 썬 마늘과 다진 페페론치노를 넣어 중약불에서 볶는다.

마늘이 노릇해지면 면수를 한 국자 넣어 소스를 만든다.

삶은 파스타 면을 ③에 넣어 같이 볶는다. 기름이 유화되어 꾸덕한 소스가 면에 어우러지는 게 중요합니다.

⑤

④에 이탈리언 파슬리를 다져 넣고 불을 끈 후, 면이 공기와 잘 만날 수 있게 웍질을 해준다. 소스가 걸쭉해지면 완성입니다.

잔치국수

난이도
하

소요 시간
11분

Receipt

Banquet Noodles

주재료

- ☑ 소면 100g ·························· ₩1,190
- ☐ 표고버섯 1개 ·············· ₩3,080(120g짜리 1팩)
- ☐ 애호박 ½개 ····················· ₩990(1개)
- ☐ 양파 ½개 ·················· ₩3,580(3개입 1팩)
- ☐ 당근 ⅓개 ····················· ₩2,480(1개)
- ☐ 달걀 1개 ·················· ₩3,080(6개입 1팩)

양념·소스·기타 재료

- ☐ 김가루 약간, 국간장 2큰술, 소금 ½큰술, 통깨 약간, 물 500㎖

총 ₩14,400~

잔치국수는 국수 위에 예쁘게 올리는 호박이나 당근, 달걀 지단 등의 고명을 준비하는 과정이 상당히 고됩니다. 고명 만들 시간에 벌써 국수 한 그릇 뚝딱 해치웠을 텐데 말이죠.

그래서 요리용디는 고명을 과감하게 빼버렸어요. 그래도 맛은 전혀 떨어지지 않습니다.

몇 가지 채소와 달걀, 그리고 국간장으로 맛을 낸 깔끔한 국물에 쫄깃한 소면 한 젓가락이면 잔치국수의 맛을 충분히 느낄 수 있습니다. 소면을 삶은 후 찬물에 잘 헹군 다음 국물에 넣으면 면에는 더욱 탄력이 생기고 국물은 깨끗해집니다. 찬물에 헹구면서 소면에 묻어 있는 전분을 씻어냈기 때문이에요.

1

양파, 애호박, 당근, 표고버섯은 채 썰고 달걀은 풀어 달걀물을 만든다.

2

냄비에 물 500㎖를 넣고 ①의 채소와 국간장 2큰술, 소금 ½큰술을 넣고 끓이다가, 끓어오르면 달걀물을 넣어 국물을 만든다. 달걀물은 끓어오를 때 넣어야 국물이 깔끔해집니다

3

끓는 물에 소면을 넣고 삶는다. 물이 끓어 넘치려 할 때 찬물을 넣어주세요. 두 번 정도 반복하다 보면 면이 다 익을 거예요.

4

익은 소면은 찬물에 헹궈 전분기를 빼고, 체에 받쳐 물기를 뺀다.

소면을 그릇에 담고 국물을 부은 후 김가루와 통깨를 뿌려 완성한다.

전전남친바게트

난이도
하

소요시간
12분

Receipt

Ex-boyfriend's Baguette

주재료

☑ 소프트 바게트 4개 ············· ₩5,500 (220g짜리 1봉)
◯ 카야잼 40g ·················· ₩4,800 (425g짜리 1병)

양념·소스·기타 재료

◯ 황설탕 10g, 버터 50g, 파슬리가루 약간

총 ₩10,300~

바게트는 프랑스의 국민빵이라고 할 수 있어요. 프랑스인 10명 중 9명이 하루 한 번 이상 바게트를 먹는다고 하니 프랑스 식빵이라 불러도 손색이 없겠죠?

바게트는 겉면이 바삭하고 속은 부드러운 것이 특징이에요. 이런 바게트를 적당한 두께로 잘라 버터에 구우면 바삭한 식감이 더욱 살아납니다. 빵에 버터를 잘 흡수시키려면 구멍이 크게 뻥 뚫려 있는 딱딱한 바게트보다는 기공이 작고 안쪽 면의 촉감이 부드러운 것으로 선택하는 게 좋습니다. 생각보다 버터가 많이 들어가는 것 같아도 놀라지 말고 레시피대로 조리해보세요.

주로 말레이시아에서 생산되는 카야잼은 코코넛과 달걀을 원료로 만든 잼이에요. 딸기잼보다는 덜 달고 은은하게 퍼지는 코코넛 향이 특징입니다. 잘 구운 바게트 위에 발랐을 때 궁합이 아주 좋아요.

팬에 버터를 올려 녹인 뒤 소프트 바게트를 올려 버터를 흡수시킨다. 녹인 버터가 바게트에 스펀지처럼 충분히 흡수돼야 풍미 있는 전전남친바

게트가 완성됩니다.

버터를 흡수한 소프트 바게트 위에 황설탕을 뿌린다.

②를 에어프라이기에 넣고 180℃로 10분간 돌린 후 카야잼을 바른다. 카야잼은 담백한 잼으로 생각보다 두툼하게 발라야 합니다.

바게트 위에 파슬리가루를 뿌려 완성한다.

recipe 35

전남친토스트

난이도
하

소요 시간
조리 5분

Receipt

Ex-boyfriend's Toast

주재료

☑ 식빵 2장 ·················· ₩2,480 (400g짜리 1봉)
◯ 블루베리잼 4큰술 ·········· ₩3,580 (450g짜리 1병)
◯ 크림치즈 4큰술 ············ ₩4,650 (200g짜리 1통)

양념·소스·기타 재료

◯ 파슬리가루 약간, 버터 10g

총 ₩10,710~

헤어진 후 전남친이 해줬던 토스트의 맛을 잊지 못한다면 어떻게 하시겠습니까? 오직 레시피를 물어보기 위해 전남친에게 문자를 보낼 수 있을까요? 놀랍게도 그런 일이 실제로 있었다고 하네요. 한동안 SNS에서 '핫'했던 이야기로, 실화인지는 확인할 길이 없지만 이 토스트를 맛보면 고개를 끄덕이게 됩니다.

바삭하게 구운 토스트에 크림치즈를 살살 바른 것도 환상의 맛이지만 그 위에 블루베리잼까지 바르면 꿈에서도 생각나는 맛이 납니다. 그런 후에 전자레인지에 딱 10초만 돌려보세요. 크림치즈와 잼이 살짝 녹으면서 풍미가 더욱 깊어집니다.

정말 쉽죠? 이렇게 쉽고 간단한 레시피를 정확하게 조리하는 것이 요리 실력을 향상시키는 지름길이에요. 만들 때마다 크림치즈와 블루베리잼의 비율을 조금씩 바꿔보세요. 전여친도 아마 그 비율을 알고 싶어서 전남친에게 전화를 걸지 않았을까요?

1

팬에 버터를 녹여 식빵에 바른 다음 앞뒤로 굽는다. 토스터를 사용하면 식빵을 골고루 구울 수 있습니다.

2

구운 식빵 위에 크림치즈 2큰술을 바른다.

② 위에 블루베리잼 2큰술을 올린다.

파슬리가루를 위에 살짝 뿌려 완성한다. 동일한 방법으로 하나 더 만든다.

시나몬롤

난이도
상

소요시간
17분

Receipt

Cinnamon Roll

주재료

- ✓ 호떡믹스 1봉 ·························· ₩3,980
- ○ 크림치즈 3큰술 ·············· ₩4,650(200g짜리 1통)
- ○ 우유 3큰술 ·················· ₩880(200㎖짜리 1팩)
- ○ 슈거파우더 70g ············· ₩1,280(100g짜리 1봉)

양념·소스·기타 재료

- ○ 식용유 약간

총 ₩10,790~

시판용 호떡 믹스로 호떡을 만들면 호떡이 됩니다. 당연한 사실이죠. 그런데 이 호떡 믹스를 조금만 변형하면 다른 요리도 만들 수 있어요.

호떡 믹스 반죽을 넓게 편 다음 돌돌 말아보세요. 이렇게 하면 스위트롤 모양이 나옵니다. 참 쉽죠? 단, 주의할 점이 하나 있는데, 반죽의 발효 시간을 잘 지켜야 한다는 거예요. 발효를 너무 많이 하면 모양이 흐트러지고 너무 짧게 하면 롤이 딱딱해집니다. 호떡 믹스 포장 뒤편에 써 있는 발효 시간을 잘 지켜주세요.

호떡 믹스는 반죽 자체에 적당한 단맛을 더해 반죽만 제대로 하면 아주 맛있는 빵이 완성됩니다. 크림치즈와 우유를 섞어 만든 요리용디의 초간단 아이싱 비법을 활용해 시나몬롤을 한 단계 업그레이드해보세요. 빵이나 쿠키 등을 요리할 때 밀가루 반죽 베이스를 만들기 어렵다면 이렇게 시판용 반죽을 이용하는 것도 좋은 방법입니다.

1

호떡 믹스 포장에 쓰인 대로 반죽을 한다. 제품마다 반죽하는 방법 이 다르므로 포장 뒷면에 나와 있는 조리법을 참고해 반죽해주세요. 발효 시간에 따라 식감이 차이나기 때문에 반드시 제품 뒷면에 적힌 발효 시간을 지켜주세요.

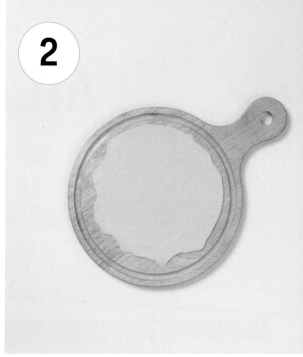

2

①의 반죽을 밀대로 얇고 넓게 편다. 밀대가 없을 경우 유리병을 이용하세요.

3

② 위에 동봉된 계피설탕가루를 뿌린다.

4

③을 돌돌 말아 지름이 4㎝가 되도록 만든 후 3㎝ 두께 로 썬다.

프라이팬에 식용유를 얇게 바른 후 종이 포일을 깔고 그 위에 ④를 올린 다음 뚜껑을 덮어 약한 불에서 익힌다. 시나몬롤이 타거나 눌어붙는 것을 종이 포일이 방지해줍니다. 강한 불로 익히면 겉면만 익고 속이 익지 않을 수 있으므로 약한 불로 찌듯 익혀주세요.

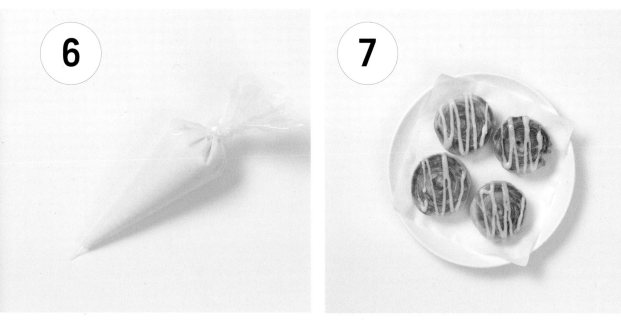

크림치즈 3큰술, 우유 3큰술, 슈거파우더 70g을 넣고 섞어 짤주머니에 넣는다. 짤주머니가 없을 경우 지퍼 백이나 비닐 봉지를 이용하세요.

잘 구운 시나몬롤 위에 ⑥을 뿌려 완성한다.

치즈토스트

난이도   소요 시간
하   7분 20초

Receipt

Cheese Toast

주재료

- ☑ 식빵 2장 ·················· ₩2,480 (400g짜리 1봉)
- ☐ 체다 치즈 2장 ············· ₩3,700 (200g짜리 1봉)
- ☐ 모차렐라 치즈(슬라이스) 2장 ····· ₩6,100 (160g짜리 1봉)

양념·소스·기타 재료

- ☐ 버터 10g, 황설탕 약간, 파슬리가루 약간

총 ₩12,280~

아침에 등교 또는 출근이 급할 때, 아침은 먹어야겠고, 그렇다고 식빵만 먹기는 싫어 대충 치즈만 얹어 드시나요? 그렇게 하면 빵은 뻑뻑하고 치즈는 차가울 겁니다. 당신이 아침부터 그런 음식을 먹고 집을 나서는 모습을 더는 볼 수 없어요. 그래서 치즈토스트 레시피를 제안합니다. 딱 5분만 집중하면 만들 수 있어요.

샌드위치처럼 식빵 두 쪽 사이에 치즈를 끼워 넣고 겉면만 익히세요. 안쪽까지 익히면 빵이 더 바삭해지겠지만 그렇게 하면 시간이 많이 걸리니까 과감하게 패스! 황금빛 체다 치즈가 녹으면 풍미가 더욱 살아납니다. 거기에 모차렐라 치즈까지 더하면 쫄깃한 식감이 배가되죠. 체다와 모차렐라 치즈의 비율을 달리해서 만들어보세요. 햄을 1장 추가하면 카페에서 파는 크로크무슈와 거의 흡사한 토스트가 됩니다.

식빵 1장 위에 모차렐라 치즈 2장, 체다 치즈 2장 순으로 올리고 나머지 식빵 1장으로 덮는다. 치즈는 미리 상온에 꺼내두어 온도를 높인 후 사용하세요.

팬 위에 버터를 녹이고 ①을 올려 약한 불로 30초마다 앞뒤로 뒤집으며 굽는다. 타지않도록 반드시 약한 불로 구우세요. 불 조절이 가장 중요합니다.

식빵이 노릇해지면 불을 끄고 1분가량 잔열로 치즈를 완전히 녹인다. 불을 끄지 않으면 빵이 탈 수 있습니다. 치즈가 어느 정도 녹았는지 확인할 수 없기 때문에 불을 끄고 은은한 잔열로 굽는 게 포인트입니다.

치즈가 완전히 녹으면 토스트를 반으로 잘라 황설탕과 파슬리가루를 뿌려 완성한다.

recipe 38

짜장라볶이

난이도
하

소요 시간
11분 27초

Receipt

Black-bean-sauce Noodles

주재료

- ☑ 짜파게티 1봉 ······················· ₩856
- ☐ 누들떡 120g ······· ₩2,940(500g짜리 1봉)
- ☐ 양파 ½개 ············· ₩3,580(3개입 1팩)
- ☐ 어묵 1장 ··········· ₩2,280(300g짜리 1봉)
- ☐ 대파 1대 ······················· ₩2,780(1봉)

양념·소스·기타 재료

- ☐ 간장 1큰술, 굴소스 1큰술, 통깨 약간, 식용유 약간, 물 600㎖

총 ₩12,436~

떡볶이는 먹고 싶은데 매운 건 안 당긴다면? 걱정하지 마세요. 짜장라면 하나만 있으면 됩니다.

용디와 함께 짜장라볶이를 만들어봅시다. 인스턴트 짜장면에 들어 있는 과립 수프에 굴소스와 간장만 조금 더해주면 아주 맛있는 짜장소스를 만들 수 있어요.

레시피에는 말랑말랑 식감이 재밌는 누들 떡을 썼지만 일반 떡을 써도 괜찮아요. 떡에 소스가 충분히 묻지 않으면 허여멀건한 떡볶이를 먹게 될 수 있으니 조리 마지막 단계에서 약한 불로 줄여 살짝 졸이는 것을 잊지 마세요.

양파는 채 썰고 어묵은 한 입 크기로 썬다. 대파는 ⅔는 어슷 썰고 ⅓은 송송 썰어 준비한다.

팬에 식용유를 두르고 양파, 어슷 썬 대파를 넣고 중약불에서 볶는다.

양파와 파의 숨이 살짝 죽으면 물 600㎖를 넣고 라면 수프와 플레이크를 넣어 끓인다.

③에 굴소스 1큰술, 간장 1큰술을 넣고 떡과 어묵을 넣어 끓인다.

떡이 반 정도 익으면 라면 면을 넣고 기호에 맞게 익힌다.

그릇에 짜장라볶이를 담고 송송 썬 파와 통깨를 뿌려 완성한다.

전자레인지라타투이

난이도
하

소요 시간
22분 10초

Receipt

Ratatouille

주재료

- ☑ 토마토소스 100g ············ ₩3,180 (600g짜리 1병)
- ◯ 새송이버섯 17개 ············· ₩2,180 (2개입 1팩)
- ◯ 토마토 17개 ··············· ₩3,980 (6개입 1팩)
- ◯ 가지 ½개 ················· ₩2,980 (2개입 1봉)
- ◯ 애호박 ½개 ················ ₩990 (17개)

양념·소스·기타 재료

- ◯ 올리브 오일 3큰술, 파슬리가루 약간

총 ₩13,310~

라타투이는 프랑스 남부에서 탄생한 요리입니다. 가지, 호박, 토마토와 양파 등 각종 여름 채소로 만드는 요리예요. 누구나 구할 수 있는 소박한 재료로 만드는 프랑스 서민 음식입니다.

라타투이는 레시피에 따라 다양한 스타일로 만들 수 있어요. 채소가 거의 뭉개질 때까지 조리하는 방법도 있고 애니메이션 〈라따뚜이〉에 나온 것처럼 둥글게 슬라이스한 채소의 모양을 그대로 살리는 버전도 있어요. 기본적으로 다양한 제철 채소와 토마토소스를 넣고 적당히 익힌다는 것만 기억하면 됩니다. 라타투이는 주로 오븐과 프라이팬을 활용해 만드는데, 저는 전자레인지로 쉽게 만드는 버전을 소개할게요.

주중에 육류를 많이 섭취했다면 한 끼 정도는 라타투이로 가벼운 채식 식사를 해보세요. 갑자기 손님이 찾아왔을 때 내놓아도 아주 멋진 애피타이저가 될 수 있어요.

토마토, 애호박, 가지, 새송이버섯을 얇게 썰어 준비한다.

전자레인지용 그릇에 토마토소스 100g을 깐다.

슬라이스해둔 채소를 겹겹이 쌓아 토마토소스 위에 올리고
올리브 오일 3큰술을 채소 겉면에 바른다.

랩을 씌워 전자레인지로 10분간 돌린다. 전자레인지 안에서 돌
아가면서 토마토소스가 튀기 때문에 랩을 씌워주어야 합니다. 랩을 씌워 조리하면
찌듯이 조리되어 라타투이가 한층 더 부드러워집니다.

5

랩을 벗기고 파슬리가루를 뿌려 완성한다.

고추삼겹살라볶이

난이도
하

소요 시간
9분 30초

Receipt

Red Pepper Pork Belly Noodles

주재료

- ☑ 라면 1봉 ····································· ₩730
- ☐ 삼겹살 1줄 ·························· ₩2,880(100g짜리 1팩)
- ☐ 양파 ½개 ·························· ₩3,580(3개입 1팩)
- ☐ 청양고추 1개 ·················· ₩2,480(100g짜리 1봉)
- ☐ 대파 1대 ····································· ₩2,780(1봉)
- ☐ 떡국 떡 50g ·················· ₩1,880(800g짜리 1봉)

양념·소스·기타 재료

- ☐ 다진 마늘 1큰술, 고추기름 5큰술, 조미하지 않은 김가루 적당량, 굴소스 4큰술, 후춧가루 1작은술

총 ₩14,330~

고추삼겹살라볶이는 분식집에서 먹는 라볶이와는 전혀 다른 요리입니다. 라볶이도 조금만 신경 쓰면 매우 고급스러운 요리가 될 수 있다는 걸 이번 레시피를 통해 확인할 수 있을 거예요.

이 요리는 볶는 기술이 중요해요. 프라이팬으로 해도 되지만 가급적 볶음에 최적화된 웍을 이용해보세요. 웍으로 요리할 땐 과감하게 강한 불로 올려보세요. 매콤한 고추기름에 양파와 대파를 충분히 볶아낸 다음 초벌한 삼겹살을 추가해 한 번 더 구우면 풍미가 폭발합니다.

마지막에 올리는 김가루는 장식을 위해 넣는 게 아니에요. 맛을 내는 데 중요한 역할을 하니까 꼭 올려 드세요.

양파와 대파는 깍둑 썰고 청양고추는 어슷 썬다. 떡은 물에
담가 불린다.

삼겹살을 두툼하게 잘라 튀기듯 익힌다.

웍에 고추기름 5큰술을 두르고 중약불에서 양파와 대파를 조리듯 볶는다.

③에 미리 불려둔 떡국 떡을 넣고 볶는다.

④에 삼겹살과 청양고추를 넣고 볶은 다음 다진 마늘 1큰술, 굴소스 4큰술, 후춧가루 1작은술을 넣고 조린다.

그릇에 데친 라면 사리를 담은 후 그 위에 ⑤를 붓고 김가루를 뿌려 완성한다. 간은 김가루를 가감해가면서 취향껏 조절하세요.

불닭미트볼

난이도
상

소요 시간
17분

Receipt

Buldak Meatball

주재료

- ☑ 불닭볶음면 1봉 .... ₩1,150
- ☐ 라이스페이퍼 3장 .... ₩1,180(100g짜리 1봉)
- ☐ 다진 소고기 300g .... ₩6,675
- ☐ 달걀 1개 .... ₩3,080(6개입 1팩)
- ☐ 빵가루 2큰술 .... ₩1,700(200g짜리 1봉)
- ☐ 우유 1큰술 .... ₩880(200㎖짜리 1팩)

양념·소스·기타 재료

- ☐ 다진 마늘 1큰술, 식용유 1큰술, 소금 ½큰술, 물 약간

총 ₩14,665~

한때 SNS에서 라이스페이퍼에 불닭볶음면을 싸 먹는 게 유행한 적이 있어요. 물론 저도 먹어보았죠. 라이스페이퍼로는 뭘 싸 먹어도 맛있지만 불닭볶음면은 더 맛있더라고요.

그런데 저는 이 불닭쌈의 치명적인 약점을 발견했습니다. 바로 이 레시피의 구성이 탄수화물(면)을 탄수화물(라이스페이퍼)로 감쌌다는 사실이에요. 이 부분을 보완하기 위해 저는 불닭쌈을 최고의 단백질인 소고기로 한 번 더 감싸 불닭미트볼로 만들었습니다.

미트볼을 만들 때 다진 소고기에 기름이 없으면 잘 뭉쳐지지 않을 수 있어요. 달걀을 넣는 이유가 소고기의 접착력을 높여주기 위해서인데, 그래도 잘 안 뭉쳐지면 다진 돼지고기를 조금 섞어도 됩니다. 돼지고기는 소고기에 비해 기름기가 많아 훨씬 잘 뭉쳐지거든요. 다진 소고기를 살 때 빨간 고기 사이사이에 하얀 비계가 충분히 끼어 있는 것을 구입하는 것도 좋은 방법이에요.

불닭볶음면을 조리법에 맞게 조리한다.

볼에 다진 소고기 300g, 다진 마늘 1큰술, 소금 ½큰술, 빵가루 2큰술, 우유 1큰술을 넣고 달걀 1개를 깨뜨려 넣은 뒤 치댄다.

라이스페이퍼를 따뜻한 물에 담근 후 불닭볶음면을 넣어 감싸 불닭쌈을 만든다. 이음매를 아래로 해서 그릇에 두면 시간이 지나 물기가 마르면서 접착됩니다.

③의 불닭쌈을 ②의 고기 반죽으로 감싸 불닭미트볼을 만든다. 고기 반죽을 동그랗게 뭉쳐 납작하게 편 후 불닭쌈을 올려 감싸주면 모양 만들기가 수월합니다.

팬에 식용유를 두르고 ④를 올려 약한 불로 굽는다.

고기 겉면이 노릇해지면 물을 조금 붓고 뚜껑을 덮어 속까지 익힌다.

불닭볶음면에 있는 플레이크(통깨 & 김가루) 고명을 뿌려 완성한다.

PART 3

2만 원으로 차리는 근사한 외식

토마토달걀볶음밥

난이도　　　소요 시간
하　　　　　6분 39초

Receipt

Tomato Egg Fried Rice

주재료

☑ 즉석밥 1개 ······················ ₩1,080

◯ 방울토마토 77개 ··············· ₩5,980 (500g짜리 1팩)

◯ 달걀 2개 ························· ₩3,080 (6개입 1팩)

◯ 쪽파 약간 ························ ₩2,400 (50g짜리 1봉)

◯ 대파 ½대 ························· ₩2,780 (1봉)

양념·소스·기타 재료

◯ 다진 마늘 ½큰술, 굴소스 1+½큰술, 후춧가루 약간, 식용유
약간

총 ₩15,320~

토마토와 달걀은 어디에서나 구할 수 있는 흔한 식재료예요. 너무 흔한 나머지 이걸로 무슨 요리를 만들까 싶죠? 하지만 잘만 하면 엄청난 맛을 낼 수 있습니다.

먼저 달걀을 푸는 것부터 시작해볼게요. 달걀을 풀 때 수저나 포크 말고 젓가락을 사용하세요. 젓가락 끝을 살짝 벌리고 위아래로 열심히 휘저으세요. 이렇게 하는 이유는 알끈을 끊어내기 위해서입니다. 스크램블드에그의 식감이 훨씬 더 부드러워질 거예요.

토마토를 볶으면 라이코펜이라는 성분이 나와요. 이건 정말 몸에 좋은 성분이에요. 얼마나 좋냐면 무려 노화를 촉진하는 활성산소를 억제하는 효과가 있단 말이죠! 게다가 라이코펜은 약간의 신맛을 내는데, 이 신맛을 정확하게 뽑아내면 맛있는 토마토달걀볶음밥을 완성할 수 있습니다.

1

토마토는 반으로 자르고 대파와 쪽파는 송송 썰어 준비한다.

2

달걀 2개를 풀어 달걀물을 만든다. 젓가락을 사용해 지그재그로 휘저으면 달걀이 쉽게 풀립니다.

3

팬에 식용유를 두르고 약한 불에서 다진 마늘 ½큰술과 송송 썬 대파를 볶는다.

4

마늘과 대파가 노릇해지면 반으로 잘라놓은 토마토를 넣어 기름에 표면을 코팅하듯 가볍게 볶는다. 볶을 때 조금씩 맛을 보다가 신맛이 올라온다 싶을 때 딱 불을 끄세요. 토마토가 흐물거릴 정도로 볶으면 너무 늦은 겁니다. 포인트는 가볍게 볶기!

④의 재료를 한쪽으로 밀고, 빈 공간에 달걀물을 부어 스크램블드에그를 만든다.

⑤에 데우지 않은 즉석밥 1개와 굴소스 1+½큰술을 넣고 국자로 밥을 부수듯 누르며 볶는다.

밥과 스크램블드에그를 잘 섞은 다음 후춧가루를 약간 뿌린다.

그릇에 볶음밥을 담고 썰어놓은 쪽파를 뿌려 완성한다.

규동

난이도
하

소요 시간
7분 30초

Receipt

Gyudon

주재료

- ☑ 즉석밥 1개 ·················· ₩1,080
- ☐ 우삼겹 150g ·············· ₩5,475 (200g짜리 1팩)
- ☐ 양파 ¼개 ·················· ₩3,580 (3개입 1팩)
- ☐ 달걀 1개 ··················· ₩3,080 (6개입 1팩)
- ☐ 쪽파 1대 ·················· ₩2,400 (50g짜리 1봉)

양념·소스·기타 재료

- ☐ 다진 마늘 1작은술, 통깨 약간, 식용유 약간, 식초 약간, 소금 약간, 간장 3큰술, 설탕 2큰술, 올리고당 1큰술, 맛술 1큰술, 후춧가루 약간

총 ₩15,615~

규동은 소고기덮밥을 말합니다. 간장과 설탕 베이스에 올리고당을 넣어 살짝 걸쭉한 양념을 만들어봅시다.

규동의 핵심은 '온센다마고'라고 부르는 달걀이에요. '온센'은 일본어로 온천이고 '다마고'는 달걀입니다. 직역하면 온천 달걀인데, 우리나라 찜질방 맥반석 달걀의 일본 버전이라고 볼 수 있어요. 하지만 온센다마고를 전통 방식으로 조리하면 시간이 오래 걸리니 우리는 수란으로 만들어봅시다.

소고기 우삼겹은 두께가 얇기 때문에 금방 익어요. 그래서 돼지고기 익힐 때와 달리 핏기가 가셨다 싶을 때 바로 불을 꺼야 합니다. 높은 온도에서 마이야르 반응을 일으켜보겠다고 얇은 소고기를 오버쿡하면 식감이 아주 질겨지니 주의하세요. 소고기를 적당히 익힌 다음 불을 끄면 소스가 조금 남는데, 그대로 밥에 부어 먹으면 됩니다. 규동은 약간 촉촉하게 먹어야 제맛이에요.

양파는 얇게 채 썰고 쪽파는 송송 썬다.

끓는 물에 식초와 소금을 약간씩 넣고 달걀을 깨뜨려 넣어 2분간 삶은 후 찬물에 담가 식혀 수란을 만든다. 인터넷

에 수란 만드는 법을 검색해 참고해도 좋습니다.

볼에 간장 3큰술, 설탕 2큰술, 올리고당 1큰술, 맛술 1큰술, 다진 마늘 1작은술, 후춧가루 약간을 넣고 섞어 양념을 만든다.

팬에 식용유를 두르고 약한 불에서 양파를 볶는다.

5

양파의 숨이 죽으면 우삼겹과 ③의 양념을 넣고 중약불에서 고기가 익을 때까지 볶는다.

6

즉석밥 1개를 데운 후 밥 위에 ⑤와 팬에 남아 있는 양념을 붓는다.

7

⑥ 위에 통깨와 수란, 쪽파를 올려 완성한다.

'김계란' 김밥

난이도
중

소요 시간
12분

Receipt

Gimgaeran Gimbap

주재료

- ☑ 달걀 2개 ···················· ₩3,080 (6개입 1팩)
- ☐ 김밥용 김 1장 ················ ₩1,680 (1봉)
- ☐ 빨간 파프리카 ¼개 ·········· ₩2,784 (1개)
- ☐ 당근 ⅓개 ···················· ₩2,480 (1개)
- ☐ 부추 25g ···················· ₩3,280 (1봉)
- ☐ 삶은 닭 가슴살 25g ········· ₩3,680 (100g짜리 1팩)

양념·소스·기타 재료

- ☐ 식용유 약간, 소금 약간, 참기름 약간

총 ₩16,984~

김밥에는 응당 김과 밥이 있어야 하겠지만 이번에는 과감하게 밥을 빼버렸습니다.

이런 김밥을 키토 김밥이라고 부르기도 하죠. '키토'는 저탄수화물 고지방(저탄고지) 다이어트를 뜻하는 키토제닉을 줄인 말이에요. 김밥 한 줄에 적지 않은 양의 쌀밥이 들어가는데, 그 부분을 전부 닭 가슴살과 달걀로 대체했으니 당연히 탄수화물은 줄고 단백질 함량은 늘겠죠? 따라서 '김계란'김밥은 다이어트할 때 좋은 레시피라고 할 수 있습니다.

이렇게 만들어도 상당히 묵직한 분량의 속 재료가 들어가기 때문에 한 줄만 먹어도 충분히 포만감을 느낄 수 있어요. 마지막에 한 입 크기로 김밥을 썰 때 칼날에 기름을 살짝 발라주세요. 이렇게 하면 칼이 김에 달라붙지 않아 김밥 단면이 깔끔해져요.

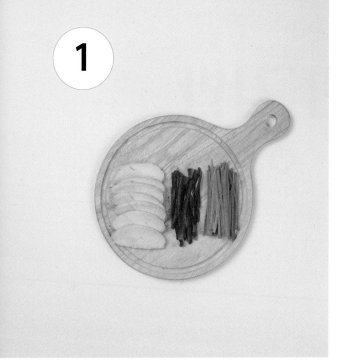

1

당근과 파프리카는 채 썰고 삶은 닭 가슴살은 슬라이스한다.

2

끓는 물에 소금을 약간 넣고 부추를 살짝 데친 후 찬물에 헹군다. 손으로 부추의 물기를 짜줍니다.

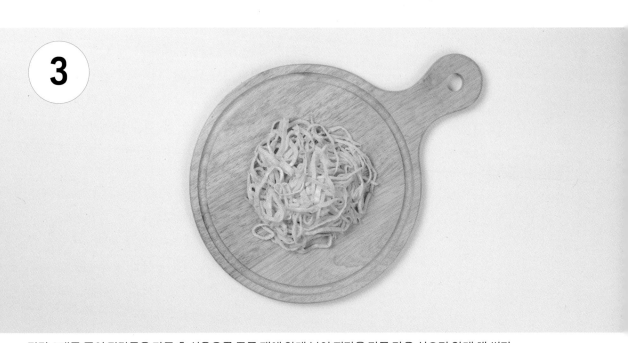

3

달걀 2개를 풀어 달걀물을 만든 후 식용유를 두른 팬에 얇게 부어 지단을 만든 다음 식으면 얇게 채 썬다. 식용유는 달걀물을 붓기 전에 키친타월로 닦아내세요.

팬에 다시 식용유를 두르고 채 썬 당근, 소금 약간을 넣고 볶은 후 식힌다.

김발 위에 김을 올리고 채 썬 달걀 지단을 골고루 깐다.

지단 위에 닭 가슴살, 부추, 볶은 당근, 파프리카를 올리고 김발을 이용해 만 다음 칼날에 참기름을 발라 한 입 크기로 잘라 완성한다. 김 이음매에 물을 묻혀 말면 잘 붙습니다.

리얼카르보나라파스타

난이도
상

소요 시간
14분 5초

Receipt

Carbonara

주재료

☑ 파스타 면 100g ·········· ₩2,220 (500g짜리 1봉)
☐ 두꺼운 베이컨 1장 ·········· ₩2,780 (70g짜리 1팩)
☐ 달걀노른자 3개분 ·········· ₩3,080 (6개입 1팩)
☐ 페코리노 치즈 15g ·········· ₩7,400 (200g짜리 1팩)

양념·소스·기타 재료

☐ 소금 5g, 후춧가루 약간, 물 1L

총 ₩15,480~

카르보나라와 크림파스타의 차이점은 뭘까요? 카르보나라에는 우유가 안 들어간다는 점이에요.

우유가 없어도 고소한 맛이 나는 이유는 바로 달걀노른자 때문입니다. 달걀노른자와 페코리노 치즈를 1:1 비율로 섞어주세요. 이때 불이 세면 스크램블드에그로 변하고 말아요. 아주 낮은 불에서 천천히 소스가 꾸덕해질 때까지만 조리하세요. 소스를 중탕해서 조리하면 더욱 완성도 높은 카르보나라를 만들 수 있어요. 중탕하는 법을 모르겠다면 유튜브에서 요리용디 카르보나라 영상을 먼저 시청하시기를 권합니다.

이탈리아에서는 베이컨 대신 관찰레를 사용하는데, 관찰레는 돼지 볼살로 만든 일종의 햄이에요. 수입하는 곳이 몇 군데 있긴 하지만 가격이 조금 부담스러우니 베이컨으로 대체해도 무방합니다. 베이컨으로 하실 땐 얇은 것보다는 조금 두꺼운 것을 추천드려요.

냄비에 물 1L와 소금 5g을 넣고 파스타 면을 넣어 8분간 알덴테로 익힌다. 면수 농도는 0.5%로 맞췄습니다. 끓이고 남은 면수는 버리지 마세요.

달걀 3개를 깨뜨려 노른자만 분리한다.

볼에 ②와 강판에 간 페코리노 치즈를 1:1 비율로 넣고 섞어 노른자소스를 만든다.

팬에 베이컨 1장을 1㎝ 폭으로 잘라 올려 중간 불에서 기름을 낸다. 베이컨에서 충분한 기름이 나오므로 식용유는 사용하지 않습니다.

팬에 베이컨 기름이 충분히 녹아 나오면 불을 약한 불로 줄이고 삶은 파스타 면과 면수 두 국자를 넣어 조린다.

면수가 80% 정도 졸아들면 불을 끄고 한 김 식힌 후 노른자소스를 넣고 섞는다. 불을 완전히 끈 상태에서 팬에 남은 열기로만 소스를 비벼주세요. 팬이 지나치게 뜨거울 경우 스크램블드에그가 돼버리니 주의하세요.

7

소스가 꾸덕해지면 접시에 담고 곱게 간 후춧가루를 뿌려 완성한다.

순두부열라면

난이도
중하

소요 시간
9분 9초

Receipt

Soft Tofu Noodles

주재료

- [x] 열라면 1봉 ······················ ₩620
- [ ] 순두부 ½팩 ············· ₩1,960(350g짜리 1팩)
- [ ] 양파 ½개 ················ ₩3,580(3개입 1팩)
- [ ] 대파 ½대 ··················· ₩2,780(1봉)
- [ ] 홍고추 ½개 ················ ₩2,680(1봉)
- [ ] 청고추 ½개 ················ ₩1,980(1봉)
- [ ] 달걀 1개 ················ ₩3,080(6개입 1팩)

양념·소스·기타 재료

- [ ] 다진 마늘 1큰술, 고춧가루 1큰술, 식용유 약간, 물 500㎖

✕ 순두부를 깨지지 않게 끓여야 하기 때문에 난이도가 살짝 높아요!

총 ₩16,680~

엄마나 아빠가 없으면 순두부찌개를 못 먹는다고요? 이제 그런 날은 끝났어요. 이 레시피만 배우면 언제든 순두부찌개를 만들 수 있는 거예요. 얼큰 담백한 순두부찌개에 라면까지 추가하니 만족도는 더욱 높겠죠?

순두부열라면은 순두부 모양을 내 맘대로 조절해 먹는 재미가 있습니다. 만약 담백한 두부를 입안 가득 느끼고 싶다면 두툼하게 큼직큼직 썰어 넣고, 랜덤으로 씹히는 것을 좋아한다면 수저로 퍽퍽 떠 넣으세요.

저는 개인적으로 국물과 함께 호로록 먹는 것을 좋아해서 순두부를 아주 잘게 으깨어 넣습니다. 순두부는 꽤 많은 수분을 품고 있으니 라면 물을 평소보다 조금 더 적게 넣어야 간을 맞추기 좋습니다.

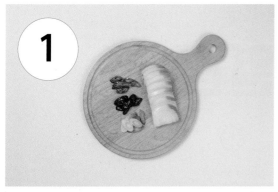

양파는 채 썰고 대파와 홍고추, 청고추는 어슷썰기 한다.

순두부를 큼지막하게 썬다.

냄비에 식용유를 두르고 다진 마늘 1큰술을 넣어 중약불에서 볶다가 마늘이 노릇하게 볶아지면 대파와 양파를 넣고 볶는다.

채소의 숨이 어느 정도 죽으면 약한 불로 줄이고 고춧가루 1큰술을 넣어 볶는다. 탈 수 있기 때문에 불 조절이 필요합니다.

④에 물 500㎖와 라면 플레이크, 분말 수프를 넣는다.

끓기 시작하면 라면 면과 순두부, 홍고추, 청고추를 넣고 더 끓인다.

면이 70% 정도 익었을 때 달걀 1개를 깨뜨려 넣어 완성한다. 달걀은 노른자가 터지지 않도록 해주세요.

원팬토마토파스타

난이도	소요 시간
하	15분

Receipt

One Pan Tomato Pasta

주재료

- ☑ 파스타 면 100g ·············· ₩2,220 (500g짜리 1봉)
- ☐ 양파 ½개 ····················· ₩3,580 (3개입 1팩)
- ☐ 방울토마토 3개 ················ ₩1,980 (500g짜리 1팩)
- ☐ 양송이버섯 2개 ················ ₩3,980 (150g짜리 1팩)
- ☐ 소시지 17개 ··················· ₩3,080 (150g짜리 1팩)
- ☐ 토마토소스 300g ·············· ₩3,180 (600g짜리 1병)

양념·소스·기타 재료

- ☐ 소금 약간, 후춧가루 약간, 파슬리가루 약간, 물 300㎖+ 약간

총 ₩18,020~

'파스타를 만들 건데 면 끓이는 과정도 소스 만드는 과정도 다 귀찮아. 먹을 때까지는 좋은데 치우고 설거지하는 건 고통스러워. 이 모든 과정을 심플하게 만들 수는 없을까?'

이런 생각을 한 끝에 나온 레시피입니다. 모든 재료를 미리 손질해 하나의 프라이팬에 넣고 조리하세요.

이렇게 간단하게 만들면 덜 맛있지 않을까 의구심이 생길지도 몰라요. 하지만 한 입 호로록 먹고 나면 모든 근심 걱정이 사라질 겁니다. 원 팬 파스타는 요리에 투입한 시간 대비 만족도가 가장 높은 레시피라고 자신 있게 말할 수 있어요. 간혹 프라이팬이 작아 면이 다 안 들어가는 경우가 있을 거예요. 그럴 땐 고민하지 말고 면 양쪽 끝을 가위로 살짝 자르면 됩니다. 좁은 팬 위에서 파스타 면이 서로 뭉치지 않게 조리 초반에 살살 저어주는 것만 잊지 마세요.

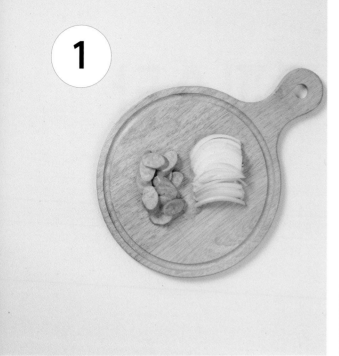

양파는 채 썰고 소시지는 동그랗게 썬다.

방울토마토는 반으로 자르고 양송이버섯은 편 썬다.

팬에 파스타 면과 손질한 재료를 담는다.

4

③에 물 300㎖, 토마토소스 300g을 붓고 중간 불에서
끓인다. 면이 뭉치지 않게 잘 저어주며 끓이세요.

5

면이 익으면 소금 약간, 후춧가루 약간으로 간한다. 소스가
꾸덕해지면 약간의 물을 더 붓고 면을 완전히 익힙니다.

6

파스타 면이 다 익으면 파슬리가루를 뿌려 완성한다.

오레오케이크

난이도
상

소요 시간
50분

Receipt

Oreo Cake

※4~5인분 기준입니다.

주재료

- ☑ 오레오 45개 + 5개(데코용) ········· ₩6,400(5상자)
- ☐ 우유 300㎖ ···················· ₩1,650(500㎖짜리 1팩)
- ☐ 베이킹파우더 2작은술 ········· ₩1,680(150g짜리 1봉)
- ☐ 생크림 200㎖ ··············· ₩5,900(500㎖짜리 1팩)
- ☐ 애플민트 약간(데코용) ········· ₩1,790(10g짜리 1봉)

양념·소스·기타 재료

- ☐ 설탕 20g

총 ₩17,420~

집에서 케이크를 만든다고요? 이게 실화입니까? 맞아요, 실화입니다. 포기하고 책을 덮어버리지 마세요. 오븐도 필요 없어요. 에어프라이기만 있으면 우리도 오레오케이크를 만들 수 있다고요!

오레오 과자에 들어 있는 크림을 분리하는 것이 중요한데, 과일 깎는 작은 칼로 싹싹 긁어내면 쉽게 분리됩니다.

케이크 시트를 조리할 때는 오븐이나 에어프라이기 혹은 전자레인지를 사용할 수 있어요. 다만 기계마다 온도가 다른데, 젓가락으로 시트를 콕 찔렀을 때 반죽이 묻어 나오지 않을 때까지 익히면 됩니다. 마지막 단계에서 오레오케이크 시트 사이사이를 생크림으로 채울 땐 시트를 충분히 식힌 다음 생크림을 넣으세요. 그렇게 하면 생크림이 무너지지 않아 케이크 모양이 예쁘게 잡힌답니다.

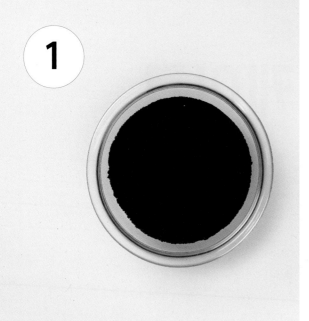

오레오에서 크림을 분리해 과자만 믹서에 넣고 간다.

①에 우유 300㎖, 베이킹파우더 2작은술을 넣고 섞어 3등분한다. 시트의 두께를 일정하게 만들기 위해 미리 3등분하는 것이 좋습 니다. 오레오가루는 휘핑크림에 사용할 3큰술을 남겨두세요.

냄비(또는 그릇)에 종이 포일을 깔고 ②의 반죽을 부어 오븐형 에어프라이기에서 180℃로 15분간 굽는다. 이 과정을 두 번 더 반복해 총 3개의 시트를 만든다. 종이 포일을 깔아 구우면 시트가 익은 후 빵 틀과 분리하기 쉽습니다. 갓 구운 시트를 바로 꺼내는 것보단 살짝 식 힌 후 분리하는 편이 시트가 부서지는 것을 방지할 수 있습니다.

4

생크림 200㎖, 설탕 20g, 오레오가루 3큰술을 넣고 휘핑해 짤주머니에 담는다. 짤주머니가 없을 경우 지퍼 백이나 비닐 봉지를 이용하세요. 생크림의 상태가 케이크의 완성도를 좌우하니 단단하게 휘핑해주세요.

5

구운 오레오 시트 위에 ④를 짜서 올리고, 그 위에 다시 시트를 덮는 식으로 시트와 휘핑크림을 겹겹이 쌓는다. 오레오 시트를 식힌 후에 생크림을 올리는 게 중요합니다. 그래야 더욱 완성도 높은 모습으로 만들 수 있습니다.

6

케이크 위에 데코용 오레오와 애플민트를 올려 완성한다. 마지막 시트 위에 취향대로 장식해보세요.

원팬토스트

난이도
중

소요시간
4분 30초

Receipt

One Pan Toast

주재료

☑ 식빵 1장 ·················· ₩2,480 (400g짜리 1봉)

◯ 달걀 2개 ··················· ₩3,080 (6개입 1팩)

◯ 모차렐라 치즈(슬라이스) ½장 ··· ₩6,100 (160g짜리 1봉)

◯ 체다 치즈 ½장 ············· ₩3,700 (200g짜리 1봉)

◯ 샌드위치용 햄 1장 ·········· ₩2,470 (90g짜리 1팩)

양념·소스·기타 재료

◯ 버터 2조각, 소금 약간

총 ₩17,830~

원팬토스트는 요리용디 채널에서 초창기에 소개한 레시피 중 하나입니다. 폭발적인 조회수를 기록하며 요리용디 채널의 성장을 견인했어요. 실제로 만들어 먹어본 사람들의 후기도 많이 올라왔습니다.

만드는 재미가 있고 생각보다 어렵지 않으면서도 요리를 했다는 느낌이 들어 좋았다는 의견이 많았죠. 원팬토스트는 그만큼 요리 초보자에게 유용한 레시피라고 할 수 있어요.

원팬토스트는 달걀물이 촉촉한 상태일 때 빵을 올려야 모양을 잡는 데 유리합니다. 빵이 달걀이랑 착 붙어야 하거든요. 그런데 주의하지 않으면 팬에 달걀물을 올리자마자 확 익어버릴 수 있어요. 달걀물이 순식간에 지단이 되는 거죠. 그건 팬 온도가 높아서 그래요. 자신이 없다면 가스 불을 거의 보일 듯 말 듯한 수준으로 아주 약하게 놓고 조리를 시작하세요.

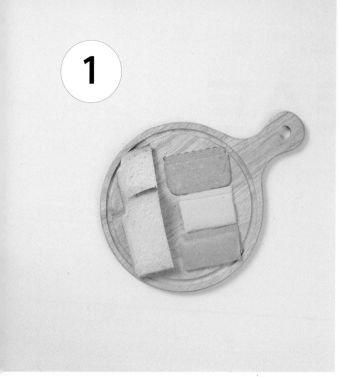

식빵, 햄, 모차렐라 치즈, 체다 치즈를 반으로 자른다.

볼에 달걀 2개를 푼 다음 소금 약간을 넣어 달걀물을 만든다.

팬에 버터를 1조각 올려 약한 불로 녹이고 달걀물을 붓는다. 불은 계속 약한 불로 유지합니다.

달걀이 30% 정도 익으면 그 위에 빵을 올려 달걀물을 적시고, 빵을 뒤집어 나머지 한쪽 면도 적셔준 후 그대로 익힌다.

달걀이 완전히 익으면 뒤집는다.

빵 모양에 맞춰 달걀을 접는다.

⑥ 위에 치즈와 햄을 올린다.

반으로 접은 후 버터 1조각을 추가로 녹여 빵에 흡수시켜
완성한다.

초코바움쿠헨

난이도
상

소요 시간
15분

Receipt

Choco Baumkuchen

주재료

- ☑ 핫케이크 믹스 90g ·············· ₩3,080 (500g짜리 1봉)
- ☐ 달걀 1개 ························· ₩3,080 (6개입 1팩)
- ☐ 우유 80㎖ ······················· ₩880 (200㎖짜리 1팩)
- ☐ 코코아파우더 15g ············· ₩3,500 (350g짜리 1봉)
- ☐ 다크 초콜릿 170g ············· ₩1,960 (100g짜리 2개)
- ☐ 생크림 60㎖ ···················· ₩5,900 (500㎖짜리 1팩)

양념·소스·기타 재료

- ☐ 설탕 10g, 버터 15g, 식용유 약간

총 ₩18,400~

바움쿠헨은 원통 모양으로 생긴 독일식 디저트 케이크예요. 독일에서는 주로 결혼식 같은 특별한 날 바움쿠헨을 먹는다고 합니다. Baum(나무)이라는 단어에 걸맞게 단면이 나무의 나이테를 닮았죠. 바움쿠헨은 제1차 세계대전 이후 일본에서 인기를 끌었고, 그 영향으로 일본식 바움쿠헨이 우리나라에 들어오게 되었습니다.

바움쿠헨을 만드는 과정을 살펴보면 반죽 위에 원통 모양의 심을 올려 반죽과 함께 돌돌 말아주는 과정을 반복합니다. 처음에 만들 땐 바움쿠헨의 나이테가 고르게 만들어지지 않고 울퉁불퉁해질 수도 있어요. 하지만 걱정하지 마세요. 이 또한 지극히 정상적인 현상입니다. 독일에서도 수제 바움쿠헨은 공장에서 만든 것처럼 표면이 매끈하지 않거든요. 중요한 건 음식의 모양보다 조리할 때 느끼는 즐거움이란 사실을 잊지 말자고요!

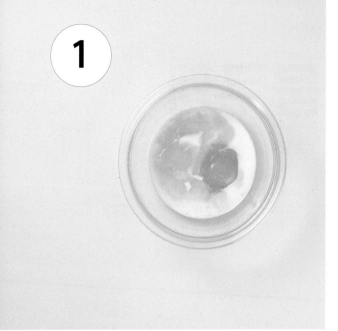

전자레인지에 버터 15g을 넣고 30초간 녹인 후 달걀 1개,
설탕 10g, 우유 80㎖와 함께 섞는다. 이때 녹인 버터가 너무 뜨겁지
않고 따듯해야 달걀이 익지 않습니다.

①에 핫케이크 믹스 90g, 코코아파우더 15g을 체 쳐서
넣고 섞어 반죽한다. 체에 밭쳐 반죽하면 가루 사이에 혹시 있을지 모를
이물질을 제거할 수 있고, 공기가 주입돼 반죽이 뭉치지 않고 고르게 섞일 수 있습
니다.

휴지심을 종이 포일로 말아 끝부분을 심 안으로 밀어 넣어 고정한다. 종이 포일에 기름칠을 하면 이후에 롤과 더 쉽게 분리할 수 있습니다.

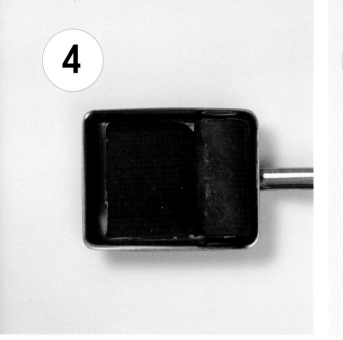

팬에 식용유를 얇게 바른 후 ②를 반만 부어 익히다가 기포가 올라오면 휴지심을 넣고 말아준다. 돌돌 만 롤을 팬 아래쪽으로 옮긴 후 빈 공간에 남은 반죽을 부어 롤과 연결되도록 익힌 다음 다시 만다. 달걀말이를 만들 때처럼 반죽을 나눠 부어 두 번 말아주세요. 두툼하게 여러 겹으로 롤을 말기 위함입니다.

생크림 60㎖에 시판 다크 초콜릿 170g을 넣고 전자레인지로 1분간 녹인 후 잘 섞어 가나슈를 만든다. 식어도 초콜릿이 굳지않습니다.

④의 롤에서 휴지심을 제거한 후 롤을 3㎝ 두께로 자른 다음, 속의 빈 부분을 가나슈로 채워 완성한다.

깐풍만두

난이도   소요 시간
하   16분

Receipt

Kkanpung Mandoo

주재료

☑ 물만두 20개 ·············· ₩4,740 (370g짜리 1봉)
○ 양파 ¼개 ··············· ₩3,580 (3개입 1팩)
○ 대파 ⅓대 ··············· ₩2,780 (1봉)
○ 홍고추 1개 ·············· ₩2,680 (1봉)
○ 청고추 1개 ·············· ₩1,980 (1봉)

양념·소스·기타 재료

○ 식용유 3큰술+적당량(만두 튀기기), 고춧가루 1큰술, 간장 1
  큰술, 설탕 1큰술, 식초 1큰술, 굴소스 ½큰술

총 ₩15,760~

깐풍기는 중화요리 식당에서만 먹을 수 있는 음식이라고 생각하셨나요? 이제는 아닙니다. 깐풍소스를 만드는 게 생각보다 어렵지 않거든요. 이 레시피에 나온 대로 만들어보세요. 식당에서 먹었던 맛과 크게 다르지 않다는 걸 깨닫게 될 거예요.

대부분의 소스는 단맛, 짠맛, 신맛, 매운맛 등 고유의 맛과 향을 지니고 있어요. 그 소스들을 어떻게 배합하고 조리하느냐에 따라 다양한 맛을 낼 수 있죠. 호기심을 가지고 계속 새로운 요리에 도전하면서 레시피를 늘리다 보면 나만의 비법 소스도 만들 수 있게 됩니다.

깐풍만두는 잘게 다진 양파, 대파, 청고추, 홍고추를 볶아 기름에 향을 입히는 과정이 중요합니다. 재료를 기름에 익힌다는 생각보다는 재료 고유의 향을 뽑아낸다는 느낌으로 조리하세요. 이때 처음부터 강한 불로 하면 기름 온도가 높아져 재료가 타버릴 수 있으니 불 조절에 주의하세요.

1

양파, 대파, 홍고추, 청고추를 각각 다진다. 대파, 홍고추, 청고추는
고명용으로 쓸 양을 남겨두세요. 약간이면 됩니다.

2

고명용 대파, 홍고추, 청고추를 썰어 준비한다.

3

팬에 식용유를 넉넉히 두른 후 중약불에서 물만두를 튀기듯 구
운 다음 키친타월 위에서 기름을 뺀다.

4

팬에 식용유 3큰술을 두르고 양파, 대파, 고춧가루 1큰
술을 넣고 볶는다.

④에 홍고추, 청고추, 간장 1큰술, 설탕 1큰술, 식초 1큰술, 굴소스 ½큰술을 넣고 함께 볶는다.

어느 정도 익으면 ③을 넣고 버무리듯 볶는다.

고명용 대파와 홍고추, 청고추를 올려 완성한다.

뻥스크림

난이도   소요 시간
하   6분 40초

Receipt

Icecream Sandwich

주재료

- ☑ 뻥튀기 2개 ·················· ₩1,900 (1봉)
- ☐ 바닐라 아이스크림 450g ·········· ₩5,100
- ☐ 딸기 3개 ············ ₩8,980 (500g짜리 1팩)

✗ 만든 후 냉동실에 1시간 둔 다음 꺼내 먹는 게 가장 맛있어요!

총 ₩15,980~

모처럼 뻥튀기를 사서 맛있게 먹고 보니 어중간하게 4~5장 정도 남았나요? 그럼 지금 당장 뻥스크림을 만드세요.

안에 넣는 과일 토핑은 키위나 귤 등 입맛에 맞는 걸로 바꿔도 됩니다. 물론 오레오 같은 과자를 넣어도 되고요.

중요한 건 조리 속도입니다. 과일 먼저 씻고 손질한 다음에 아이스크림을 냉동실에서 꺼내세요. 아이스크림이 꽁꽁 얼어 있으면 속 재료를 넣기 어렵기 때문에 상온에 놓아두어 조금 부드럽게 만들어야 합니다. 그렇다고 아이스크림이 녹으면 안 됩니다. 뻥튀기도 공기 중에 오래 두면 눅눅해지기 때문에 재빨리 아이스크림을 감싸 뻥스크림을 완성한 다음 냉동실에 넣으세요. 냉동할 땐 랩으로 1개씩 개별 포장하는 것을 추천합니다. 그래야 바삭하고 촉촉한 뻥스크림의 식감을 최대한 살릴 수 있어요.

아이스크림을 주걱으로 뒤적여 부드럽게 만든다. 단단한 상태에선 모양을 내기 힘들기 때문에 부드러운 상태로 만들어줍니다.

딸기는 꼭지와 윗부분을 평평하게 자른 후 윗면을 톱니바퀴처럼 잘라 튤립 모양으로 만든다. 인터넷에 '딸기 튤립 모양으로 자르기'를 검색해 참고해도 좋습니다.

뻥튀기 1장 위에 아이스크림을 반 정도 올리고 딸기를 올린다. 튤립 모양 딸기를 옆으로 눕혀 올려야 단면을 썰었을 때 톱니 모양이 잘 표현됩니다.

남은 아이스크림을 ③ 위에 올려서 딸기가 보이지 않도록 덮는다.

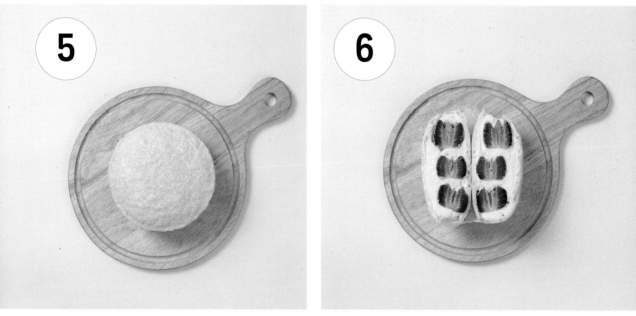

남은 뻥튀기 1장으로 덮은 후 랩으로 감싸 냉동실에서 얼
린다.

⑤가 얼면 반으로 잘라 완성한다.

PART 4

2만 원대로 차리는 근사한 외식

데리야키치킨덮밥

난이도
하

소요 시간
16분 30초

Receipt

Teriyaki Chicken with Rice

주재료

- ☑ 즉석밥 1개 ·································· ₩1,080
- ☐ 치킨 너겟 4개(180g) ········· ₩9,980(480g짜리 1봉)
- ☐ 달걀 2개 ·························· ₩3,080(6개입 1팩)
- ☐ 양파 ½개 ························· ₩3,580(3개입 1팩)
- ☐ 쪽파 1대 ·························· ₩2,400(50g짜리 1봉)

양념·소스·기타 재료

- ☐ 데리야키소스 1큰술, 간장 2큰술, 설탕 2큰술, 식용유 적당량, 마요네즈 1큰술, 물 2큰술

총 ₩20,120~

덮밥은 밥 위에 어떤 재료를 올리느냐에 따라 완전히 다른 메뉴로 다시 태어납니다. 이번엔 냉동실에서 오랜 시간 잠들어 있던 치킨 텐더나 너겟을 깨워봅시다.

여기에 조린 양파와 스크램블드에그, 그리고 데리야키소스와 마요네즈를 섞어주면 데리야키치킨덮밥이 되는 거예요.

물론 치킨 텐더 대신 어젯밤 시켜 먹고 남은 치킨을 살만 살살 발라서 만들어도 됩니다. 중요한 건 데리야키소스와 어울리는 주재료를 찾는 거예요. 아마 단짠단짠 데리야키소스와 안 어울리는 재료를 찾는 게 더 어려울 수도 있겠어요.

1

양파는 얇게 채 썰고 쪽파는 송송 썬다.

2

달걀 2개를 풀어 달걀물을 만든 후 식용유를 약간 두른 팬에 올려 스크램블드에그를 만든다. 완성한 스크램블드에그는 접시에 덜어두세요.

3

팬에 채 썬 양파와 간장 2큰술, 설탕 2큰술, 물 2큰술을 넣고 양파 색이 진한 갈색이 될 때까지 약한 불에서 조리듯 볶는다.

4

팬에 식용유를 넉넉하게 붓고 치킨 너겟 4개를 튀기듯 굽는다.

즉석밥 1개를 데운 후 밥 위에 스크램블드에그, 볶은 양파, 치킨 너겟 순으로 올린다.

짤주머니에 마요네즈와 데리야키소스를 넣고 뿌린 후 ①의 썰어둔 쪽파를 고명으로 올려 완성한다.

큐브스테이크덮밥

난이도
상

소요 시간
8분

Receipt

Cube Steak with Rice

주재료

✓	즉석밥 1개	₩1,080
○	소고기 안심 150g	₩8,792
○	양송이버섯 2개	₩3,980 (150g짜리 1팩)
○	노란 파프리카 ½개	₩2,784 (1개)
○	빨간 파프리카 ½개	₩2,784 (1개)
○	양파 ½개	₩3,580 (3개입 1팩)
○	마늘 3쪽	₩2,980 (150g짜리 1봉)

양념·소스·기타 재료

○ 다진 마늘 1큰술, 스테이크소스 4큰술, 굴소스 2큰술, 케첩 2큰술, 설탕 1큰술, 맛술 2큰술, 후춧가루 약간, 소금 약간

✗ 스테이크가 오버쿡되지 않게 조리하는 게 중요합니다!

총 ₩25,980~

그럴 때가 있잖아요. 왠지 좀 있어 보이고 싶을 때. 그럴 땐 당장 소고기를 사세요!

안심이나 등심이 좋지만 상대적으로 저렴한 부채살이나 설도 같은 부위도 괜찮아요. 맛을 결정하는 것은 값비싼 재료보다 요리사의 실력입니다. 고기 두께는 2~3㎝인 것을 사세요. 그래야 고기 겉면을 바삭하게 시어링해도 내부는 부드러운 상태가 됩니다. 시어링을 마친 고기를 정사각형으로 잘랐을 때 안쪽이 하나도 안 익었을 수 있어요. 그래도 놀라지 마세요. 맨 마지막 단계에서 원하는 만큼 익히면 되니까요.

큐브스테이크덮밥을 먹기 좋고 보기 좋게 만들기 위해서는 재료 크기를 비슷하게 맞추는 것이 좋습니다. 채소와 고기를 비슷한 모양과 크기로 손질해보세요. 채소는 꼭 고기를 시어링한 팬에 볶으세요. 맛술로 고기가 남긴 흔적을 녹인 다음 채소를 함께 볶으면 엄청난 맛이 난다고요!

고기에 소금을 약간 뿌려 수분이 올라오면 키친타월로 닦은 후 팬에 올려 겉면이 바삭해지도록 시어링한다. 그런 다음 도마에 옮겨 레스팅한 뒤 큐브 모양으로 자른다. 시어링은 고기 겉면을 강한 불에 익혀 마이야르 반응을 일으키는 과정을 말하고, 레스팅은 고기를 휴지시켜 육즙을 고루 퍼지게 하는 과정을 말합니다.

양파, 파프리카, 양송이버섯은 큐브 모양으로 썰고, 마늘은 칼등으로 빻는다.

볼에 재료를 넣고 섞어 소스를 만든다. 재료: 스테이크소스 4큰술, 굴소스 2큰술, 케첩 2큰술, 설탕 1큰술, 다진 마늘 1큰술, 후춧가루 약간

고기를 구운 팬에 맛술 2큰술을 뿌려 바닥을 긁은 후 ②의
채소를 넣어 중간 불에서 볶는다.

채소가 기름으로 코팅되었다면 ③을 부어 조리듯 볶는다.

①의 잘라둔 고기를 넣고 한번 더 볶는다.

즉석밥 1개를 데운 후 밥 위에 큐브스테이크를 얹어 완성
한다.

대패간장국수

난이도
하

소요 시간
14분 30초

Receipt

Thin Pork Belly Noodles

주재료

☑ 소면 100g ······························· ₩1,190

◯ 대패 삼겹살 250g ·········· ₩8,960(300g짜리 1팩)

◯ 마늘 3쪽 ····················· ₩2,980(150g짜리 1봉)

◯ 청양고추 1개 ················ ₩2,480(100g짜리 1봉)

◯ 양파 ½개 ······················ ₩3,580(3개입 1팩)

◯ 깻잎 2장 ······················· ₩1,680(30g짜리 1봉)

양념·소스·기타 재료

◯ 간장 3큰술, 굴소스 1작은술, 설탕 2큰술, 참기름 1큰술, 통
깨 약간

총 ₩20,870~

이번에는 고기를 넣은 국수를 만들어볼게요. 우리가 주로 먹는 다른 국수들과 조리법이 크게 다르지 않습니다. 차이점이 있다면 이 레시피는 국물을 내는 대신 자작한 간장소스에 비벼 먹는 비빔면이라는 점이에요. 그 위에 잘 구운 대패 삼겹살을 고명으로 올리면 완성되는 거죠.

이 요리에 성공하려면 고기 간을 잘하는 요령이 필요해요. 삼겹살에서 나오는 기름을 활용해 마늘과 고추를 볶아보세요. 이때 간장을 넣어 살짝 눌어붙게 하면 불 맛이 납니다. 거기에 더해 설탕으로 단맛을, 굴소스로 감칠맛과 짠맛을 보완해주면 풍미가 깊어집니다.

조미료 하나를 추가할 때마다 이 소스가 어떤 역할을 하는지 생각하면서 요리해보세요. 요리 실력이 쑥쑥 향상될 겁니다.

양파와 깻잎을 채 썰어 찬물에 담가둔다.

마늘은 편 썰고 청양고추는 어슷 썬다.

팬에 대패 삼겹살과 마늘, 청양고추, 간장 1큰술, 설탕 1큰술, 굴소스 1작은술을 넣고 중간 불에서 볶는다.

냄비에 소면을 삶는다. 물이 끓어 넘치려 할 때 찬물을 넣어주세요. 두 번 정도 반복하다 보면 다 익을 거예요.

5

면을 삶는 동안 볼에 ①의 양파 채, 간장 2큰술, 설탕 1큰술, 참기름 1큰술을 넣고 섞어 간장소스를 만든다.

6

소면이 다 익으면 찬물로 전분기를 헹군 후 체에 밭쳐 물기를 뺀다.

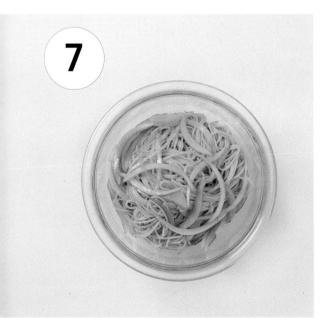

7

볼에 ⑥과 ⑤를 넣어 버무린다.

8

그릇에 ⑦을 담고 구운 대패 삼겹살과 깻잎, 통깨를 올려 완성한다.

오코노미야키라면

난이도
상

소요 시간
14분 37초

Receipt

Okonomiyaki Ramen

주재료

- ☑ 진짬뽕 1봉 ································ ₩1,495
- ◯ 양배추 ⅛통(130g) ················· ₩2,980(1통)
- ◯ 냉동 새우 10마리 ············ ₩5,980(200g짜리 1봉)
- ◯ 부침가루 5큰술 ················· ₩2,450(1kg짜리 1봉)
- ◯ 달걀 2개 ························· ₩3,080(6개입 1팩)
- ◯ 베이컨 2줄 ····················· ₩2,780(70g짜리 1팩)
- ◯ 가쓰오부시 1줌(10g) ·········· ₩4,680(40g짜리 1봉)

양념·소스·기타 재료

- ◯ 굴소스 1큰술, 마요네즈 약간, 식용유 약간

※ 오코노미야키가 부서지지 않게 한번에 뒤집어야 하므로 난이도가 상입니다.

총 ₩23,445~

'진짬뽕'으로 만든 이 레시피는 제조사에서 너무 마음에 든다며 회사 공식 SNS 계정에 공유했을 정도로 많은 분들에게 사랑받은 레피시입니다.

그만큼 자신 있게 내놓을 만한 레시피니까 여러분도 배워뒀다가 요리를 뽐내야 하는 순간이 왔을 때 비장의 카드로 쓰세요.

오코노미야키라면은 특히 맥주와 만났을 때 환상의 호흡을 자랑하지만 아이들 간식으로도 제법 훌륭합니다. 아삭아삭한 양배추와 쫄깃쫄깃한 라면이 입안에서 춤추고 코끝을 쨍 울리는 짬뽕의 향기가 진하게 번지는 걸 경험하고 나면 매일 먹게 될 수도 있습니다. 따라서 다이어트 중인 분들은 치팅데이에만 드실 것을 권장합니다.

양배추는 채 썰고 새우는 잘게 썬다.

끓는 물에 라면 면과 플레이크를 넣고 1분 30초간 익혀 건 져낸다. 이때 면수는 버리지 마세요.

볼에 익힌 면, 채 썬 양배추, 잘게 썬 새우, 부침가루 5큰술, ② 의 면수 3국자를 넣고 섞어 반죽한다. 구울 때 양배추에서 물이 나오기 때문에 반죽 농도는 날가루가 보이지 않고 재료가 엉겨 있는 정도로 너무 묽지 않은 게 좋습니다.

라면의 액상소스와 유성소스, 굴소스 1큰술을 섞어 소스 를 만든다.

적당히 달군 팬에 식용유를 두른 후 ③을 올리고 그 위에 베이컨을 올린 다음 바로 옆에 달걀 2개를 깨뜨려 올린다.

사각 그릴 팬이나 넓은 팬 위에서 조리하세요.

달걀노른자를 살짝 터뜨린 후 달걀 위로 덮이도록 오코노 미야키를 뒤집어준다. 잘 익으면 다시 한번 뒤집어준다.

베이컨과 달걀이 만나도록 해주세요.

⑥ 위에 소스를 펴 바르고 마요네즈를 뿌린 후 마지막으로 가쓰오부시를 뿌려 완성한다.

원팬레몬딜파스타

난이도
중하

소요 시간
17분

Receipt

One Pan Lemon Dill Pasta

주재료

☑ 파스타면 100g ············· ₩2,220 (500g짜리 1봉)

☐ 양파 ½개 ················· ₩3,580 (3개입 1팩)

☐ 마늘 4쪽 ················· ₩2,980 (150g짜리 1봉)

☐ 베이컨 1줄 ················ ₩2,780 (70g짜리 1팩)

☐ 새우 4마리 ··············· ₩1,980 (100g짜리 1팩)

☐ 레몬 1개 ················· ₩2,786 (3개입 1팩)

☐ 딜 2줄기 ················· ₩1,490 (1팩)

☐ 생크림 50㎖ ·············· ₩5,900 (500㎖짜리 1팩)

☐ 우유 50㎖ ················ ₩880 (200㎖짜리 1팩)

양념·소스·기타 재료

☐ 버터 60g, 소금 약간, 후춧가루 약간, 물 200㎖

총 ₩24,596~

원팬토마토파스타 요리에 성공했다면 이젠 다음 레벨로 넘어가 봅시다. 파스타는 느끼한 요리라는 인식이 있지만 이번에는 고정관념을 확 깨버릴 거예요. 어떻게? 바로 레몬과 딜을 이용해 상큼하고 부드러운 파스타를 만들어볼 겁니다.

딜은 바질이나 파슬리 같은 허브의 일종이에요. 생각보다 흔해서 큰 마트에 가면 살 수 있어요. 딜은 향이 아주 좋은데, 버터랑 만나면 최상의 궁합을 자랑합니다. 이 레몬딜버터를 베이스로 원팬 파스타를 만드는 거예요. 만약 레몬딜버터의 매력에 빠졌다면 넉넉히 만든 다음 소분해서 얼려두세요. 나중에 빵이나 과자랑 같이 먹으면 아주 맛있어요.

양파는 채 썰고 마늘은 편 썬다.

베이컨을 한 입 크기로 썬다.

레몬은 슬라이스로 2장을 썰고 남은 레몬은 껍질의 노란 부
분만 다진다. 레몬 껍질의 노란 부분만 얇게 저미기 어렵다면, 감자칼을 이용해
도 좋습니다.

딜을 다진다.

팬에 파스타 면과 ①~④의 손질한 재료, 새우 4마리, 버터 60g을 올린다.

⑤에 물 200㎖, 생크림 50㎖, 우유 50㎖를 넣고 끓인다.

면이 뭉치지 않게 잘 저어주며 끓이세요.

면이 익으면 소금 약간, 후춧가루 약간으로 간해 완성한다.

꿀호떡버거

난이도
하

소요 시간
9분

Receipt

Honey Hotteok Burger

주재료

☑ 꿀호떡 4개 ·················· ₩2,980 (1봉)

◯ 냉동 떡갈비 2개 ············· ₩6,880 (740g짜리 1봉)

◯ 토마토 1개 ················· ₩3,980 (6개입 1팩)

◯ 양상추 2장 ················· ₩3,980 (1통)

◯ 달걀 2개 ··················· ₩3,080 (6개입 1팩)

양념·소스·기타 재료

◯ 마요네즈 2작은술, 케첩 2작은술, 식용유 약간

총 ₩20,900~

버거를 먹을 때마다 '패티나 채소처럼 번도 좀 맛있게 만들면 어떨까' 하는 생각을 하곤 했습니다. 그래서 번을 꿀호떡으로 바꿔봤어요. 그랬더니 단짠단짠 버거가 완성되는 게 아니겠어요?

꿀호떡 사이즈가 비교적 작기 때문에 떡갈비와 달걀 프라이도 작게 만들면 한 입에 와구와구 먹을 수 있는 미니 버거가 됩니다. 미국에서는 이런 한 입 크기의 작은 버거를 슬라이더라고 불러요.

꿀호떡 번과 떡갈비가 주는 묵직한 느낌을 신선한 양상추와 토마토로 산뜻하게 만들어 맛의 균형을 맞춰보세요. 거기에 달걀 프라이까지 넣으면 든든한 한 끼 식사가 됩니다. 꿀호떡버거는 어른부터 아이까지 온 가족이 함께 즐길 수 있는 레시피예요. 꿀호떡은 안에 씨앗이 들어 있지 않은 것으로 선택하세요.

1

토마토는 두툼하게 슬라이스해 2장을 준비하고 양상추는 꿀호떡 크기로 뜯는다.

2

기름을 두르지 않은 팬에 꿀호떡 2개를 올려 약한 불로 노릇하게 굽는다.

3

팬에 식용유를 두르고 떡갈비를 굽는다.

팬에 식용유를 두른 후 달걀 프라이를 만든다. 달걀 프라이를
호떡 사이즈로 만들면 더 완성도 높은 꿀호떡버거를 만들 수 있습니다.

구운 꿀호떡 2개에 각각 마요네즈, 케첩을 바른다. 한 면에만
발라주세요.

마요네즈를 바른 꿀호떡 위에 떡갈비 1개, 토마토 1개, 양상추 적당량, 달걀 프라이 1개를 올리고 케첩을 바른 꿀호떡
으로 덮어 완성한다. 꿀호떡을 2개 더 구워 버거를 하나 더 만듭니다.

토마토카프레제

난이도
하

소요 시간
4분 30초

Receipt

Tomato Caprese

주재료

☑ 벌꿀 80g ···················· ₩8,680(300g짜리 1통)

☐ 토마토 2개 ···················· ₩3,980(6개입 1팩)

☐ 생모차렐라 치즈 1개 ···················· ₩4,780

☐ 생바질 약간 ···················· ₩2,900(100g짜리 1팩)

양념·소스·기타 재료

☐ 간장 1큰술

✗ 소스는 먹기 직전에 만들어주세요!

총 ₩20,340~

냉장고에 토마토가 있나요? 그럼 생모차렐라 치즈만 구입하세요. 얇게 썬 토마토 위에 모차렐라 치즈를 올리세요. 그럼 토마토카프레제가 완성됩니다. 이게 요리인가 싶을 정도로 쉽죠? 카프레제는 이렇게 심플한 이탈리아 요리입니다.

카프레제 오리지널 버전은 바질 잎을 올리고 올리브 오일과 소금을 조금 더합니다. 그 때문에 토마토와 치즈 맛이 정말 중요하죠. 때로는 조리를 최소화해 좋은 원재료의 맛을 최대한 살리는 것이 최선인 경우도 있어요.

대형 마트에 가면 생모차렐라를 쉽게 구할 수 있어요. 생모차렐라는 담백하고 고소한 맛이 나는데 체다 치즈나 피자 치즈에 비해 염도가 훨씬 낮아 맛이 밋밋할 수 있습니다. 그래서 요리용디는 간장과 벌꿀을 이용한 색다른 드레싱을 권합니다.

볼에 벌꿀 80g과 간장 1큰술을 넣고 섞어 꿀간장소스를 만든다.

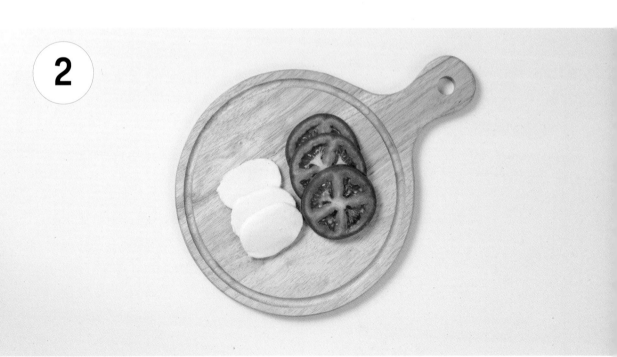

생모차렐라 치즈와 토마토를 슬라이스한다.

278

3

그릇에 토마토와 치즈를 겹겹이 번갈아 얹는다.

4

③ 위에 생바질을 올리고 ①을 뿌려 완성한다.

밀푀유나베

난이도
중

소요 시간
12분 27초

Receipt

Mille-feuille Nabe

※2인분 기준입니다.

주재료

- ☑ 소고기 400g ································· ₩6,650
- ☐ 알배기배추 1통 ····························· ₩2,800
- ☐ 깻잎 20장 ·····················₩1,680(30g짜리 1봉)
- ☐ 숙주 200g ·····················₩2,570(240g짜리 1봉)
- ☐ 표고버섯 2개 ···············₩3,080(120g짜리 1팩)
- ☐ 팽이버섯 100g ·························₩1,280(1봉)
- ☐ 청경채 50g ····························₩2,980(1봉)

양념·소스·기타 재료

- ☐ 다시마 팩 1개, 국간장 3큰술, 식초 약간, 설탕 약간

총 ₩21,040~

밀푀유는 원래 '천 겹의 잎사귀'라는 뜻의 프랑스 과자 이름입니다. 이름이 말해주는 것처럼 밀가루 반죽을 여러 겹 겹쳐 올리는 방식으로 만들죠. 그리고 이 과자에서 영감받아 탄생한 요리가 바로 밀푀유나베입니다.

요리용디 버전의 밀푀유나베는 비주얼은 화려하면서도 만들기는 쉬운 버전입니다. 잘 씻은 알배기배추와 깻잎 위에 소고기를 켜켜이 쌓기만 하면 되거든요. 여기에 물만두나 수제비 같은 부재료를 넣어 먹어도 좋고, 고기를 다 먹은 다음에 칼국수를 넣어 먹어도 좋습니다. 그래도 국물이 남으면 밥을 넣고 죽으로 만들어도 됩니다. 채소와 고기로 우려낸 육수가 마지막 한 입까지 맛있기 때문이에요.

집에 손님을 초대했을 때 밀푀유나베를 만들어보세요. 밤새도록 마르지 않는 안주를 즐길 수 있을 겁니다.

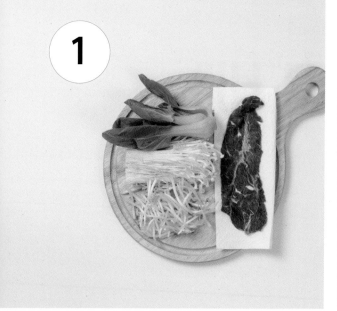

키친타월로 소고기 핏물을 제거하고 모든 채소를 씻어 손질한다.

배추-깻잎-소고기 순으로 겹치기를 세 번 반복한 뒤 칼로 반을 자른다. 계속 위로 쌓아 올려주세요. 사용하는 냄비의 높이에 맞게 자르면 좀 더 완성도 높은 밀푀유나베를 만들 수 있습니다.

표고버섯은 십자가 모양으로 칼집을 낸다.

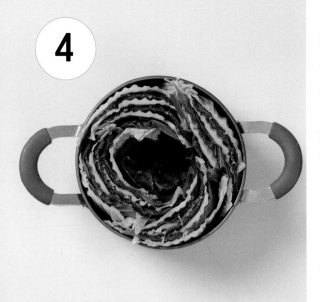

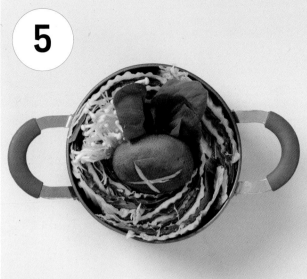

냄비에 씻은 숙주를 깔고 ②를 냄비 벽에서부터 겹겹이 채
워 넣는다.

④의 가운데 빈 공간에 표고버섯, 팽이버섯, 청경채를 넣
는다.

미리 우려둔 다시마 팩 국물에 국간장 3큰술을 넣어 국물을 만든 후 ⑤에 부은 다음 불을 켜고 충분히 익혀 완성한다. 다
시마 팩 국물에 필요한 물의 용량은 사용하는 다시마 팩에 따라 다르지만, 일반적으로 800㎖~1L 정도를 넣고 우리면 됩니다. 완성된 밀푀유나베는 기호에 따라 초간장에 찍
어 먹으면 됩니다. 초간장 재료 비율은 식초:설탕:간장=1:1:1입니다.

청양크림만두

난이도	소요 시간
중하	15분

Receipt

Cheongyang Cream Mandoo

주재료

✔️ 냉동 만두 8개 ·················· ₩3,980 (1kg짜리 1봉)
⬜ 양파 ¼개 ······················ ₩3,580 (3개입 1팩)
⬜ 양배추 ⅛개(130g) ············ ₩2,980 (1통)
⬜ 청양고추 3개 ·················· ₩2,480 (100g짜리 1봉)
⬜ 달걀노른자 1개분 ·············· ₩3,080 (6개입 1팩)
⬜ 체다 치즈 1장 ·················· ₩3,700 (200g짜리 1봉)
⬜ 우유 225㎖+3큰술 ············ ₩1,650 (500㎖짜리 1팩)

양념·소스·기타 재료

⬜ 다진 마늘 ½큰술, 소금 1작은술, 후춧가루 1작은술, 식용유 2큰술

총 ₩21,450~

혹시 냉장실에 몇 달 동안 묵혀둔 냉동 만두가 있나요? 지금 당장 그 만두를 꺼내세요. 냉동 만두도 아주 훌륭한 요리가 될 수 있다고요! 물론 귀찮은 설거지 때문에 요리라는 말만 들어도 망설인다는 거 잘 알고 있어요. 그래서 프라이팬 하나로 끝내는 청양크림만두를 제안합니다.

잘 익은 만두를 사각거리는 양배추랑 먹어보고 담백한 달걀우유소스에도 푹 찍어 먹어보세요. 이때 매콤한 청양고추를 적당량 넣으면 특유의 알싸한 느낌이 마지막 한 입까지 만족시켜줄 거예요. 만두를 익힐 때 주의할 점이 있는데, 꽁꽁 언 만두를 강한 불에서 익히면 겉은 타고 속은 데워지지 않는 경우가 많아요. 그러니 냉동 만두를 조리할 땐 불을 약하게 낮추고 프라이팬의 뚜껑을 덮어 전체적으로 데우는 것이 좋습니다.

양파는 채 썰고, 양배추는 사각형으로 썰고, 청양고추는 송
송 썬다.

달걀은 노른자만 분리한 다음 우유 3큰술을 섞어 노른자
소스를 만든다.

팬에 식용유를 두르고 다진 마늘 ½큰술과 양파, 양배추를
넣고 중약불에서 볶는다.

③에 청양고추, 우유 225㎖, 소금 1작은술, 후춧가루 1
작은술을 넣어 청양크림소스를 만든다.

④에 냉동 만두 8개를 넣고 뚜껑을 덮어 3분간 더 익힌다. 우유가 쉽게 끓어 넘치므로 불 조절에 주의하세요.

만두가 다 익으면 체다 치즈와 노른자소스를 넣고 잘 섞은 후 채소를 가운데로 모으고 주변에 만두를 둘러 보기 좋게 모양을 잡아 완성한다.

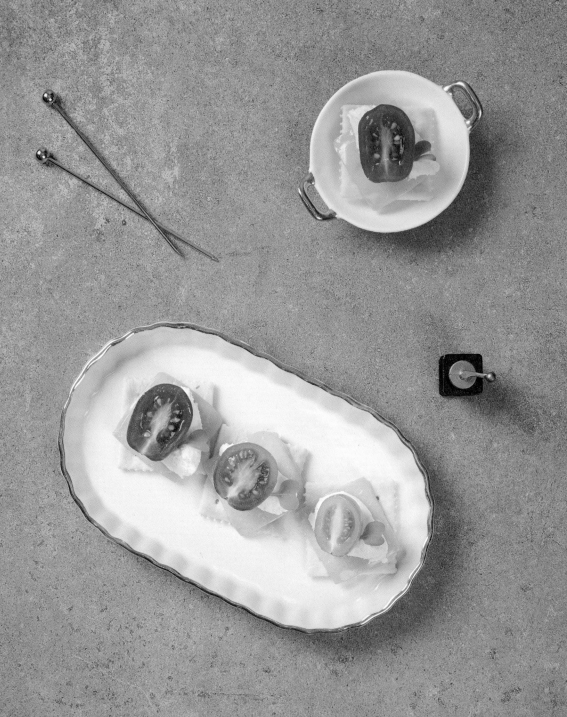

recipe 62

토마토치즈카나페

난이도
하

소요 시간
3분 40초

Receipt

Tomato Cheese Canapé

주재료

☑ 크래커 6개	₩790	(1상자)
☐ 체다 치즈 2장	₩3,700	(200g짜리 1봉)
☐ 리코타 치즈 50g	₩4,380	(150g짜리 1통)
☐ 스테비아 방울토마토 3개	₩5,800	(500g짜리 1팩)
☐ 어린잎 약간	₩1,980	(50g짜리 1팩)
☐ 꿀 2큰술	₩8,680	(300g짜리 1통)

총 ₩25,330~

카나페(canapé)라는 단어는 프랑스어로 소파라는 뜻도 지니고 있어요. 빵이나 크래커를 소파 삼아 그 위에 소소한 재료를 차곡차곡 올리는 요리니까 소파와도 의미가 통하는 것 같죠? 카나페는 대표적인 핑거푸드로, 외국 영화 속 착테일파티에 자주 등장해요.

카나페는 조리 과정이 매우 단순하다는 것이 큰 장점이에요. 얇게 썬 빵이나 크래커 위에 치즈를 올리고, 또 그 위에 과일을 올리면 끝입니다. 과일 대신 햄이나 달걀을 올려도 되고, 캐비아 같은 고급 식재료를 올려도 돼요. 카나페 재료의 구성을 어떻게 할지는 전적으로 만드는 사람 손에 달려 있습니다. 다양한 조합을 시도해 나만의 카나페를 만들어보세요.

방울토마토는 반으로 자르고, 체다 치즈는 4등분한다.

작은 숟가락 2개를 이용해 리코타 치즈를 마름모 모양으로 만든다. 인터넷에 '퀜넬 모양 만들기'를 검색해 따라 하면 손쉽게 예쁜 모양을 낼 수 있습니다.

크래커 위에 체다 치즈, 리코타 치즈, 어린잎, 방울토마토 순으로 올린 후 꿀을 뿌려 완성한다.

recipe 63

신당동떡볶이

난이도   소요 시간
하   11분 27초

Receipt

Sindang-dong Tteokbokki

※2인분 기준입니다.

주재료

- ☑ 양배추 200g ·················· ₩2,980(1통)
- ☐ 대파 1대 ······················ ₩2,780(1봉)
- ☐ 사각 어묵 3장 ················ ₩2,280(300g짜리 1봉)
- ☐ 소시지 3줄 ···················· ₩3,080(150g짜리 1팩)
- ☐ 밀떡 350g ···················· ₩3,930(500g짜리 1봉)
- ☐ 양파 ½개 ····················· ₩3,580(3개입 1팩)
- ☐ 당근 ⅓개 ····················· ₩2,480(1개)
- ☐ 삶은 달걀 2개 ················ ₩3,080(6개입 1팩)
- ☐ 라면 1개 ······················ ₩730
- ☐ 사골육수 팩 2개 ·············· ₩3,560

양념·소스·기타 재료

- ☐ 다진 마늘 1큰술, 춘장 1큰술, 진간장 1큰술, 설탕 2큰술, 고 춧가루 2큰술, 고추장 1큰술

총 ₩28,480~

지금은 브랜드 떡볶이의 시대가 활짝 열렸죠? 하지만 옛날에는 떡볶이의 성지라고 하면 바로 신당동을 떠올렸어요. 그만큼 신당동떡볶이는 전통적인 맛을 자랑합니다. 아직도 대를 이어 운영하는 신당동 떡볶이집의 비밀 레시피를 한번 경험해보자고요.

신당동떡볶이의 핵심은 역시 양념이라 할 수 있어요. 고추장과 고춧가루의 배합 비율이 가장 중요하고, 그다음으로 춘장이 중요합니다. 아마 이 소스의 배합과 숙성 비결이 며느리한테도 안 알려준다는 신당동떡볶이의 비밀이 아닐까요?

용디가 제안하는 레시피를 시도해본 다음 나만의 소스 배합을 만들어보세요. 언젠가 신당동떡볶이를 능가하는 소스가 여러분의 손에서 탄생할 수도 있다고요! 만약 대단한 떡볶이소스가 탄생한다면 꼭 용디에게도 알려주세요.

1

떡을 물에 미리 불려둔다.

2

볼에 고추장 1큰술, 춘장 1큰술, 진간장 1큰술, 다진 마늘 1큰술, 설탕 2큰술, 고춧가루 2큰술을 넣고 섞어 소스를 만든다. 양념장은 가루 재료가 충분히 녹을 수 있도록 냉장고에서 15분 정도 숙성하는 것이 좋습니다.

3

양파와 당근은 채 썰고 양배추, 대파, 어묵, 소시지는 한 입 크기로 썰어 준비한다.

4

냄비에 떡이 눌어붙지 않도록 양배추와 양파를 바닥에 먼저 깔아준다.

④ 위에 당근, 대파, 소시지, 어묵, 떡을 넣고 ②를 넣는다.　　　⑤에 사골 육수 2팩을 붓고 더 끓인다.

채소의 숨이 반 정도 죽었을 때 삶은 달걀과 라면을 넣는다. 라면과 떡이 다 익으면 그릇에 옮겨 완성한다.

recipe 64

샥슈카

난이도
중

소요 시간
14분 44초

Receipt

Shakshuka

주재료

- [x] 토마토소스 300g ·········· ₩3,180 (600g짜리 1병)
- [ ] 양송이버섯 3개 ·········· ₩3,980 (150g짜리 1팩)
- [ ] 양파 ¼개 ·········· ₩3,580 (3개입 1팩)
- [ ] 소시지 2줄 ·········· ₩3,080 (150g짜리 1팩)
- [ ] 모차렐라 치즈 50g ·········· ₩6,100 (160g짜리 1봉)
- [ ] 달걀 3개 ·········· ₩3,080 (6개입 1팩)
- [ ] 마늘 바게트 4개 ·········· ₩2,900 (90g짜리 1팩)
- [ ] 생바질 잎 약간 ·········· ₩2,900 (100g짜리 1팩)

양념·소스·기타 재료

- [ ] 후춧가루 1작은술, 다진 마늘 1큰술, 식용유 약간, 파슬리가루 약간, 물 150㎖, 바게트 약간

총 ₩28,800~

샥슈카는 튀니지에서 탄생한 요리입니다. 영어권에서는 샥슈카를 '에그 인 헬'이라고 불러요. 실제로 만들어보면 마치 이글거리는 지옥불에 노란 달걀이 빠져 있는 듯한 느낌이 듭니다.

프라이팬 하나만 있으면 만들 수 있어 조리법은 매우 쉽습니다. 그런데 재료를 보면 몸에 좋은 것으로 가득해요. 먼저 토마토에 들어 있는 라이코펜은 항산화 물질로, 살짝 익혔을 때 우리 몸에 더 잘 흡수됩니다. 그리고 단백질이 풍부한 달걀도 있죠.

용디 레시피에는 버섯과 소시지를 포함시켰는데, 부재료는 맘에 드는 재료로 얼마든지 바꾸셔도 돼요. 단, 모든 재료를 비슷한 사이즈로 썰고, 단단한 채소부터 볶아주세요. 이참에 샥슈카로 냉장고 털이 하면서 건강도 챙기고 맛도 챙기는 게 어떨까요?

1

양송이버섯은 편 썰고, 양파는 굵게 다지고, 소시지는 어슷하게 썬다.

2

팬에 식용유를 두르고 다진 마늘 1큰술과 양파를 넣어 중약불에서 볶는다.

3

②에 소시지와 양송이버섯을 넣고 함께 볶는다.

4

재료가 골고루 볶아지면 토마토소스 300g, 물 150㎖, 후춧가루 1작은술을 넣고 끓인다.

농도가 조금 걸쭉해졌다면 달걀 3개를 깨뜨려 넣는다. 이 때 노른자가 터지지 않도록 주의한다. 농도가 걸쭉해질 때까지 밑바 닥이 타지 않도록 주걱을 이용해 저어주며 끓이세요.

⑤에 모차렐라 치즈와 바질 잎을 넣고, 치즈와 달걀흰자가 익을 때까지 뚜껑을 덮어 약한 불로 익힌다. 내용물이 타지 않도 록 주의하면서 달걀을 반숙으로 익히는 게 중요합니다.

파슬리가루를 뿌려 완성한다. 바게트와 함께 먹으면 잘 어울립니다.

recipe 65

토르티아피자

난이도　　소요시간
하　　　　8분

Receipt

Tortilla Pizza

주재료

- ✓ 토르티아 2장 ·················· ₩3,330 (320g짜리 1봉)
- ☐ 꿀 2큰술 ······················· ₩8,680 (300g짜리 1통)
- ☐ 모차렐라 치즈 30g ··········· ₩4,980 (240g 1봉)
- ☐ 파란 파프리카 ⅛개 ··········· ₩2,784 (1개)
- ☐ 노란 파프리카 ⅛개 ··········· ₩2,784 (1개)
- ☐ 소시지 1줄 ······················ ₩3,080 (150g짜리 1팩)
- ☐ 토마토소스 2큰술 ············· ₩3,180 (600g짜리 1병)

양념·소스·기타 재료

- ☐ 다진 마늘 1큰술, 버터 40g, 파슬리가루 약간

총 ₩28,818~

아주 단순하게 생각해보면 피자는 도 위에 치즈를 뿌리고 그 위에 각종 토핑을 올려 굽는 겁니다. 치즈는 누구나 뿌릴 수 있고 토핑 올리는 것도 크게 어렵지 않죠. 그렇다면 도가 문제인데, 이걸 시판용 토르티아로 바꾸면 순식간에 피자를 만들 수 있습니다.

토르티아는 멕시코 사람들의 주식이라 할 수 있는 납작한 빵이에요. 옥수수가루나 밀가루 반죽을 아주 얇게 눌러 만들죠. 멕시코 식당에 가면 타코나 부리토가 나오는데, 모두 토르티아에 속재료를 넣어 싸 먹는 음식입니다. 토르티아를 도 삼아 피자를 만들면 신(thin) 피자가 완성돼요. 그래서 도 위에 올린 토핑의 맛이 더욱 진하게 느껴지는 장점이 있습니다.

토르티아피자는 만드는 법이 워낙 쉬워 어린이도 함께 만들 수 있는 레시피예요. 각종 채소나 고기 또는 페페로니 등 토핑도 맘대로 골라 온 가족이 함께 만들어보세요.

마른 팬 위에 토르티아를 올려 중약불에서 앞뒤로 뒤집어가며 1분씩 굽는다. 토르티아 2장을 각각 구워주세요.

허니버터피자 과정 1) 버터 40g과 다진 마늘 1큰술을 섞어 버터가 녹을 때까지 전자레인지에 돌린 후 꿀 2큰술을 넣고 섞어 소스를 만든다.

허니버터피자 과정 2) 구운 토르티아 위에 ①을 바르고 모차렐라 치즈 15g, 파슬리가루를 올린 다음 전자레인지에서 30초간 돌려 완성한다. 모차렐라 치즈는 녹으면서 퍼지므로 가운데 위주로 올리세요.

토마토피자 과정 1) 파프리카는 작은 큐브 모양으로, 소시지는 한 입 크기로 썬다.

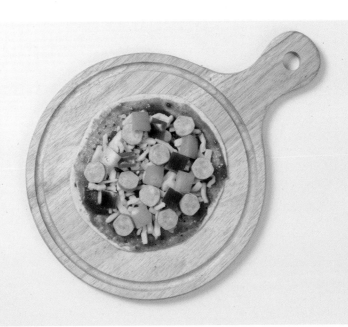

토마토피자 과정 2) 구운 토르티아 위에 토마토소스 2큰술을 바르고 모차렐라 치즈 15g, 파프리카, 소시지를 올려 전자레인지에서 1분간 돌려 완성한다. 모차렐라 치즈는 녹으면서 퍼지므로 가운데 위주로 올리세요.

로제떡볶이

난이도　　　소요 시간
하　　　　　14분

Receipt

Rose Tteokbokki

※2인분 기준입니다.

주재료

- ☑ 토마토소스 300g ············· ₩3,180(600g짜리 1병)
- ◯ 생크림 250㎖ ············· ₩5,900(500㎖짜리 1팩)
- ◯ 밀떡 250g ············· ₩3,930(500g짜리 1봉)
- ◯ 양파 1개 ············· ₩3,580(3개입 1팩)
- ◯ 베이컨 6줄 ············· ₩2,780(70g짜리 1팩)
- ◯ 어묵 3장 ············· ₩2,280(300g짜리 1봉)
- ◯ 비엔나소시지 8개 ············· ₩3,080(140g짜리 1봉)
- ◯ 펜네 파스타 30g ············· ₩3,580(500g짜리 1봉)
- ◯ 중국당면 100g ············· ₩2,050
- ◯ 체다 치즈 1장 ············· ₩3,700(200g짜리 1봉)
- ◯ 페페론치노 3개 ············· ₩5,180(25g짜리 1봉)

양념·소스·기타 재료

- ◯ 후춧가루 약간, 식용유 약간

총 ₩39,240~

슈퍼스타는 어느 날 갑자기 등장해 세상 모든 트렌드를 바꿔버리죠. 요리계에도 슈퍼스타가 나타났으니 그것은 바로 로제소스입니다.

로제소스는 상큼한 토마토소스에 부드러운 생크림을 넣어 만들어요. 이 소스로 떡볶이를 만들면 먹지 않고는 못 배깁니다. 로제떡볶이에 베이컨과 비엔나소시지까지 넣는다면 금상첨화예요.

로제떡볶이에는 중국 당면이 '국룰'이라는 것은 이미 알고 있죠? 그렇다면 이번엔 펜네 파스타도 조금 섞어보세요. 펜네는 삶는 시간이 조금 오래 걸리는 단점이 있지만 파이프처럼 가운데에 구멍이 뚫려 있어 소스가 잘 배어들죠. 펜네 파스타를 예쁜 빛깔의 로제소스에 푹 찍어 먹으면 한 그릇을 싹 비울 때까지 젓가락을 내려놓을 수 없을 거예요.

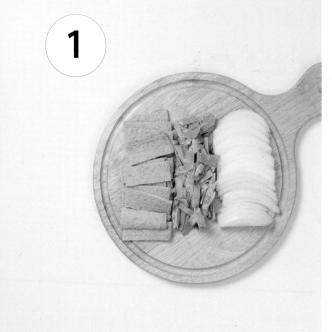

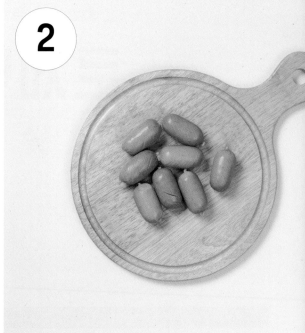

양파는 채 썰고 베이컨과 어묵은 한 입 크기로 자른다. 떡과
중국 당면은 물에 담가 불린다.

비엔나소시지를 어슷 썰어 칼집을 내고 끓는 물에 펜네
파스타를 삶는다.

팬에 식용유를 두르고 양파와 베이컨, 비엔나소시지를 넣어 볶는다.

비엔나소시지의 칼집 부분이 벌어지면 토마토소스 300g,
생크림 250㎖, 페페론치노 3개를 넣고 끓인다.

④에 삶아둔 펜네 파스타와 불려둔 떡, 중국 당면, 어묵을
넣고 계속 끓인다.

후춧가루를 뿌리고 체다 치즈를 넣어 녹여 완성한다.

배달비보다 저렴한 돈으로

우아한 한 끼를.